블룸 앤 구떼 스타일

bloom and goûté

블룸 앤 구떼 스타일

조정희·이진숙 지음

비타북스

© 민희기_행복이가득한집

Since 2004, Cafe Bloom and Goûté

카페 블룸앤구떼의 시작, 그리고 지금

© 유재학

지금은 익숙하지만 그때는 새로웠던,
테라스가 있는 카페

2004년 10월 1일 가로수길 중간쯤에 블룸앤구떼bloom and goûté라는 카페를 오픈했다.
발음도 어려운 가게 이름은 이진숙의 플라워 스튜디오 bloom과
조정희의 케이크 스튜디오 goûté를 합쳐서 만들었다.
우리 둘은 청담동의 한 건물에서 각각의 스튜디오를 하고 있었다. 수강생들도 꽤 찾아왔고
잡지에도 매달 소개 되어 나름 이름이 알려진 즈음, 그 건물에서 나와야만 하는 상황이 벌어졌다.
그때 인테리어 디자이너 신경옥 언니가 우리를 데려간 곳이 가로수길이다.
당시 가로수길 풍경은 그냥 사람 사는 작은 동네였다. 지금 메인 길이라 불리는 곳에는
문구점 겸 전통찻집, 늘 문을 닫아놓는 화장품 가게, 미니가전 대리점, 쌀집 겸 분식집,
피아노학원과 유명 산부인과 등이 있었다. 2차선 도로는 막히는 일이 거의 없이 한적했고,
저녁 8시쯤이면 인적이 뜸해졌다.
높지 않은 아기자기한 건물들, 넓지 않은 2차선 도로가 우선 마음에 들었다.
운치 있게도 가로수는 은행나무였고, 사람이 다니는 길은 우레탄을 깔아 폭신하기까지 했다.
몇 군데 내놓은 가게 중 메인 길 중앙에 있던 패브릭 숍 자리를 계약했다.
스튜디오를 2년 가까이 하면서 둘 다 사업적 마인드가 부족하다는 걸 확인한 우리는,
함께 카페를 오픈하고 손님들에게 케이크와 꽃을 자연스럽게 팔아보자는 데 의견을 모았다.
동업의 시작이다. 콘셉트는 플라워 & 케이크 카페였다. 파리의 카페처럼 어두운 어닝을 치고,
접이문을 활짝 열었다. 꽃냉장고에 갇혀 있던 꽃들을 밖으로 진열하고,
꽃다발도 서너 개씩 만들어 원할 때 바로 사 갈 수 있게 했다.
주방에서는 파티시에 조정희가 새하얀 앞치마를 두르고 프렌치 스타일의 케이크를 구워 내왔다.
타르트 타탄Tarte Tatin, 크레이프 케이크 등 프렌치 디저트와 에스프레소를 마시는
멋진 손님을 기대하며, 음악은 월드뮤직과 짧은 클래식, 재즈 등을 마구 섞어서 틀었다.

가로수길의 시작은 블룸앤구떼로부터

시작 후 1년은 손님이 그리 많지 않았다. 사람들이 아무것도 없는 가로수길에 커피만 마시러
일부러 오지는 않았기 때문이다. 대신 근처에 패션 샘플을 만들거나 패턴을 떠주는

작업실이 많아 거기에 일감을 맡기러 온 디자이너,
주변 스튜디오의 포토그래퍼, 그들의 지인 등이
초창기 손님들이었다. 손님이 없는 오전 시간에는
베이킹클래스와 꽃 레슨을 했는데, 전문성을 지닌
두 명의 오너가 레슨을 한다는 점도
사람들에게 매력적으로 비친 것 같다.
그러는 사이 예쁘고 특색 있는 가게들이 가로수길에 들어오기
시작했다. 바로 맞은편에 플랫슈즈 숍 프렌치솔,
독특한 디자인 소품가게 코발트, 디자이너 서상영의 쇼룸,
유니크하고 우아한 편집숍 팀블룸,
여기에 맛집과 와인바의 등장도 빼놓을 수 없다.
우리와 거의 비슷한 시기에 시작된 와인바 19번지, 콰이,
코지 등이 하나둘 오픈하면서 '가로수길' 이 단지 지명이 아니라
멋쟁이들이 몰리는 핫 플레이스로 소문나기 시작한 것이다.
차츰 빈자리 찾기가 어려워졌고 일요일도 오픈을 해야 했다.
2년이 지나면서부터는 주말엔 웨이팅을 해야만
들어갈 수 있는 카페가 되었다.

당시 가로수길은 지금보다는 훨씬 문화적이었다.

손님층은 20대 중반부터 30대까지가 많았고 패션 또는 인테리어 디자이너, 기자, 사진가, 광고인 등
문화, 예술이라는 키워드에 손가락 하나쯤은 걸고 있는 직업군이 대부분이었다.

청담동이 슬슬 지겨워질 무렵이었고, 소호다운 가로수길은 훨씬 서민적이어서 문턱도 낮았다.

카페 인테리어의 완성은 사람이라는 말이 있다.

매력적인 이들이 한 공간에 집합되었을 때 흘러나오는 에너지는, 인테리어를 뛰어넘는 힘을 발휘한다.

그때의 블룸앤구떼는 그처럼 멋진 사람들의 에너지에 둘러싸여,

지나는 이들의 발길을 멈추게 했다. 많은 사람들이 그 그림 속에 합류하고 싶어 했다.

등받이 없는 보조의자에 앉아도 테라스에 앉고 싶어 했고, 케이크와 꽃다발은 매일 솔드아웃이었다.

자리가 너무 모자라 2층까지 확장을 했다. 2층에도 테라스를 만들었는데 가로수길이 한눈에 보이는
상석 중의 상석이어서 여기에 앉아 지나가는 사람만 구경해도 재미있었다.

유난히 외국 손님도 많았다. 한국에 사는 외국인들이 자신들의 커뮤니티에 우리도 모르게
카페 소개를 많이 올려주었고, 한번 다녀간 사람은 다음에 친구를 데리고 또 오는 식이었다.

일본 손님들도 많았는데 지금까지도 한국에 올 때마다 찾아주는 분들이 있다.

카페뿐 아니라 꽃과 케이크도 인기였다. 명품 브랜드의 매장, 런칭파티 꽃장식과
VIP 선물용 케이크 등으로 카페와 작업실은 늘 바삐 움직였다.

이처럼 바쁘고 즐거웠던 가로수길에서의 7년은 블룸앤구떼의 청년기였다.

매일 성장했고 많은 사랑을 받았으며 그에 호응할 기운도 넘쳤으니 말이다.

블룸앤구떼라는 콘텐츠에 내공 더하기

모든 시작에는 끝이 예고되어 있다. 대기업의 안테나숍들이 가로수길로 진출하면서,
정작 가로수길을 유명하게 만든 아틀리에 가게들은 모두 내몰리는 상황이 되었다.
우리도 예외는 아니어서, 2011년 10월 문을 닫아야만 했다.
그렇다, 블룸앤구떼에겐 세로수길 시절도 있었다. 나가라면 나가야하는
초라한 임차인의 처지가 다시는 되고 싶지 않아, 2012년 7월 우리만의 건물에 보란 듯이
블룸앤구떼 간판을 달았다. 단순하지만 세련된 외관과 인테리어, 역시 작고 정겨운 테라스가
블룸앤구떼와 어울렸다. 하지만 이미 가로수길에는 너무 많은 카페들이 나름의 특색으로
손님들을 나눠 갖고 있었다. 손님층 또한 예전과 많이 달랐다.
새로운 비주얼과 콘셉트에 열광하는 어린 손님들이 낯설었고 그들과 소통할 방법을 찾지 못했다.
지금의 반포 매장은 그러니까 블룸앤구떼의 세 번째 버전이다. 젊은 엄마들이 주요 손님이다.
그러다 보니 오전부터 오후 2시까지가 피크타임이고 디저트보다는 브런치 손님이 많다.
저녁 7시까지만 오픈하는 아틀리에 카페로, 이후 시간은 레슨이나 모임 등에 활용된다.
처음 하는 동네 장사에 적응하느라 플라워 & 케이크 카페는 희미해지고,
브런치 카페로 탈바꿈되었다. 카페를 시작하고 어느새 13년이 흘렀다. 믿을 수 없는 세월이다.
더 믿을 수 없는 건 아직도 '카페란 이렇게 해야 한다'고 자신할 수 없다는 거다.
이 책은 카페 성공기를 담은 텍스트북이나 가이드북이 아니다. 파티시에 조정희와
플로리스트 이진숙이 13년간 카페 블룸앤구떼를 이끌어오며 경험하고 터득한 것들의 기록이다.
꽃과 요리라는 각자의 작업에 임하는 둘의 공통점은 매우 아날로그 적이라는 것과

완벽하지 않은 자연스러움이다. 프랜차이즈 카페와 힙스터들이 몰리는
특색 있는 카페들 틈에서 13년을 버틸 수 있었던 이유도 억지로 유행을 따르지 않고,
자연스럽게 우리만의 취향과 감각을 선보였기 때문일 것이다.
그리고 그것이 쌓인 덕분에 이제는 블룸앤구떼 스타일이란 것을 책에 담아
소개할 수 있게 되었다. 카페가 아닌 어떤 일을 하더라도 비슷하다고 생각한다.
더 좋아 보이고, 더 근사해 보이는 것에 휩쓸리지 않는 고집과 나만이 선보일 수 있는
독창성이 필요하다. 가로수길 시절의 블룸앤구떼는 당시의 유행을 선도하며
앞선 감각을 선보이는 곳으로 인기가 높았다. 그곳에서 조금씩 내려와 이제는 안정적인 자리에
버티고 있다. 그리고 앞으로의 블룸앤구떼 방향성은 여전히 숙제다.
일본 '츠타야TSUTAYA'의 CEO 마스다 무네아키는 카페에 대한 정의를 이렇게 내렸다.
"카페의 본질을 한마디로 정리하자면 '라이브'다. 사람들은 단순히 커피를 마시기 위해
카페에 오지 않는다. 카페에서 즐길 수 있는 '시간'을 맛보기 위해서 온다.
즉 카페에서 주고받는 상품은 시간이다. 그래서 매력적인 카페는 항상 신선한 공간이다.
항상 새로운 다른 상품을 제공받기 때문에 매일 가도 질리지 않는다."
블룸앤구떼가 선보일 수 있는 독창성이 있는 새로운 것이 무엇인지, 손님들에게 즐길 수 있는
시간을 무엇으로 줄 건지 계속 고민할 일이다.

어떤 콘텐츠로든

'이것이 블룸앤구떼 스타일이야'라고

자신 있게 제안하고,

돈을 내는 이들이 고개를 끄덕이며 인정하는,

그런 내공으로 블룸앤구떼의 스타일을

계속 이어가고 싶다.

CONTENTS

4   Intro 카페 블룸앤구떼의 시작, 그리고 지금

Bloom and Goûté Style

유행이 아닌 스타일을 찾아가는 일

18   내추럴 카페 테라스

22   손글씨 페이퍼롤 메뉴

24   60's 빈티지 조명

28   좋은 식재료의 선택

30   심플한 카페 음식의 시작

32   테이블마다 갈색병에 꽃을 담다

34   또 한 번 만족스러움을 전하는 우리만의 선물 포장법

Blooming Everyday

일상의 동반자, 플라워

/

플로리스트, 블룸 이진숙

40 나, 플로리스트

48 분위기를 끌어올리는 꽃과 식물 디스플레이

64 요즘 가장 트렌디한 꽃 다알리아 농장

70 테라스 식물을 이용한 플라워 어레인지먼트

섬머 센터피스 72
줄리엣 로즈 & 아디안텀 부케 74
플라워 바스켓 76

78 한 손에 담아내는 풍성한 그림 꽃 다 발

90 플라워 케이크

94 생활용기를 활용한 쉬운 꽃장식

98 Bloom's Place 나만의 공간

112 시간의 선물 드라이플라워

116 영원한 사랑의 약속 리스

120 르플 테라스에서 플라워 수업

Goûté Cuisine

위로가 필요한 날, 베이킹

/

파티시에, 구떼 조정희

126 따뜻한 풍경 구떼의 작업실

130 구떼가 만든 파리 스타일 타르트

생과일 타르트 131

호두 타르트 132

토종밤 타르트 133

134 언제나 그 자리에 구떼 케이크

스트로베리 치즈 케이크 136

밀 크레페 138

갈레트 콩플레트 141

속 궁금한 갈레트 141

컵 크레페 141

당근 케이크 142

클래식 초콜릿 케이크 144

생크림 케이크 146

생과일 시폰 케이크 147

미니 초콜릿 케이크 147

페데리코의 티라미수 148

초콜릿 무스 케이크 150

크렘 브륄레 154

프렌치 케이크 156

타르트 타탄 158

160 오후의 작은 즐거움 애프터눈 티타임

애프터눈 티 세트 162

164 마이 페이버릿 프루트, 무화과

168 Goûté's Place 나만의 공간

184 내 손으로 만드는 선물 요리

허브 & 말린 과일 초콜릿 185

로즈메리 올리브오일 186

유기농 잼 186

청귤청 & 자몽청 187

초콜릿 코코넛 쿠키 188

피낭시에 190

192 여유로운 오후, 프렌치 스타일 브런치

키쉬 로렌 193

라자냐 196

펜네 치즈 그라탱 198

홈메이드 리코타치즈 200

닭가슴살 샌드위치 202

베이컨 햄 치즈 샌드위치 203

스크램블 오픈 샌드위치 204

불고기 샌드위치 205

리코타치즈 파니니 206

208 건강한 재료에서 근사한 맛이 난다
구떼's 샐러드

포치드 에그 & 아스파라거스 샐러드 209

토마토 & 리코타치즈 샐러드 210

가든 리코타치즈 샐러드 211

연어샐러드 212

캐슈너트 & 버섯 샐러드 213

썸머 볼 샐러드 214

수퍼 그레인 샐러드 215

All The Inspirations

일상에서 얻는 영감, 에너지 & 힐링

220 아티스트 사보 Sabo 의 아름다운 아틀리에

후무스 & 슈림프 스튜 222

레몬 아이싱 파운드케이크 223

226 텃밭, 들꽃, 허브, 투박한 흙내음…
자연의 레시피로 만드는 재충전의 시간

238 방배동 용태쌤 월드 쿠킹 스튜디오

비프 웰링턴 240

콜리플라워 윕 샐러드 241

242 영국의 플라워 숍 & 스쿨

248 Epilogue 그동안 함께한 직원들과의 파티

Bloom

and

Goûté Style

유행이 아닌 스타일을 찾아가는 일

이제까지 카페를 하면서 몇 번 자리를 옮겼지만 우리에겐 늘 테라스가 있었다.
테라스는 블룸앤구떼의 상징 중 하나이고, 꾸민 듯 안 꾸민 듯 무심한 블룸앤구떼 특유의
테라스 풍경을 좋아하는 손님들도 꽤 있는 듯하다. 콧대 높아 보이는 과시적이고
고급스러운 테라스 꾸밈은 어쩐지 블룸앤구떼와 어울리지 않는다.
새로 오픈하는 카페마다 오래전부터 있던 곳처럼 인테리어를 하게 되어 스스로 놀라는 우리는,
테라스도 그저 편안하게 흐드러지는 게 좋다. 크고, 작은 여러 종류의 나무와 식물을 뒤섞어 놓고
돌보지 않은 마당처럼.
사실 멋진 테라스를 완성하는 가장 중요한 요소는 따로 있다. 바로 생명력 있는 움직임,

즉 사람들이다. 이는 멋진 조경보다 더 중요하다. 매일 물을 주고, 식물을 손보고,
꽃다발을 만드는 직원과 주인의 움직임은 물론, 협소한 장소라도 그곳에서 책을 읽고
이야기를 나누는 손님들에 의해 테라스는 완성된다. 자연을 빌려온 조그만 정원에
찻잔의 딸그락거림, 웃음소리가 들리고 그들이 만들어내는 밝은 움직임으로 가득 찰 때,
테라스는 비로소 생명력을 얻는다.
카페도 결국은 자신의 취향이 반영된 곳을 찾기 마련이다. 빡빡한 일상의 연속인 현대인들에게,
카페야말로 한숨 쉬어가는 공간이다. 우리의 테라스가 조금이라도 그런 긴장을
풀 수 있는 곳이 되기를 소망하며, 오늘도 테라스 손질은 모자란 듯 살짝만!

정성을 기울이면 식물은 윤기와 꽃과 향을 선물로 내어준다.
하지만 지나치게 관여하면 그만큼 자연미가 덜해진다.
매일 물을 주고, 완전히 시든 잎을 떼어내는 정도가 블룸앤구떼 스타일 가드닝 방식이다.

줄댕강나무, 배롱나무, 산수국, 무화과, 올리브, 아로니아 등의 나무류에
꽃이 피는 허브와 야생화를 조화시키면 자연스럽다.
딜, 오레가노, 바질 등 허브류는 잎을 식용으로 사용할 수 있을 뿐 아니라
잎과 줄기를 떼지 않으면 자유롭게 멋진 꽃을 피운다.

가로수길 시절 어렸던 손님들이 결혼 후 아이와 함께 찾아줄 때 세월의 속도를 실감한다.
한적한 주말 아이와 함께 온 오랜 단골들.

자연스러운 테라스를 위한 식물심기

살짝 비어 있는 듯 여백을 준다. 너무 빡빡하게
사방에 식물을 심으면 답답해 보이고
편안한 분위기가 덜해진다.
높낮이를 주어 심는다. 들판에 나가보면 각종 나무와
꽃 풀이 자연스럽게 뒤섞여 있다. 그 모습처럼
키가 큰 식물, 작은 식물을 알맞게 섞어 심는다.
허브와 야생화를 곁들인다. 향이 좋고 꽃과 잎 모두
예쁜 허브류와 자연미와 생명력이 좋은 야생화는
테라스를 살리는 보물들이다.

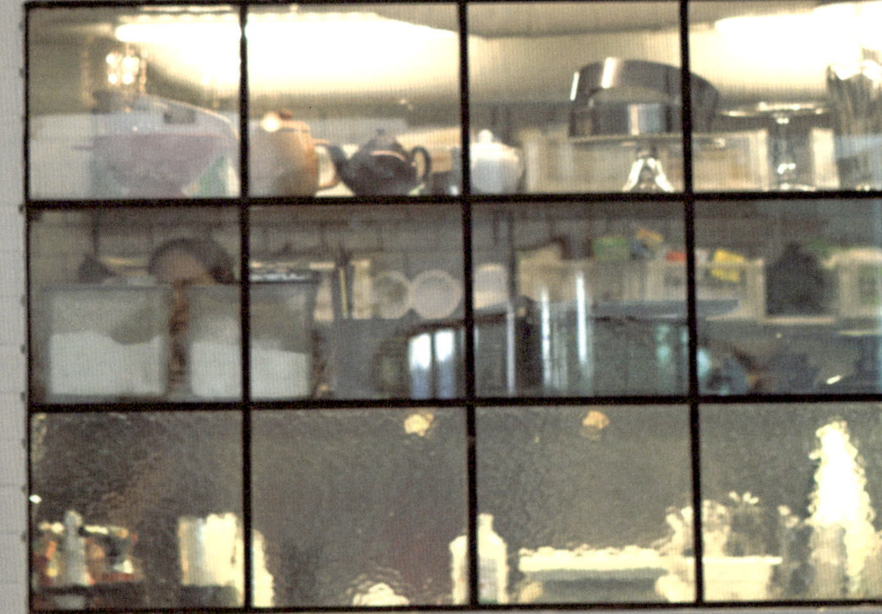

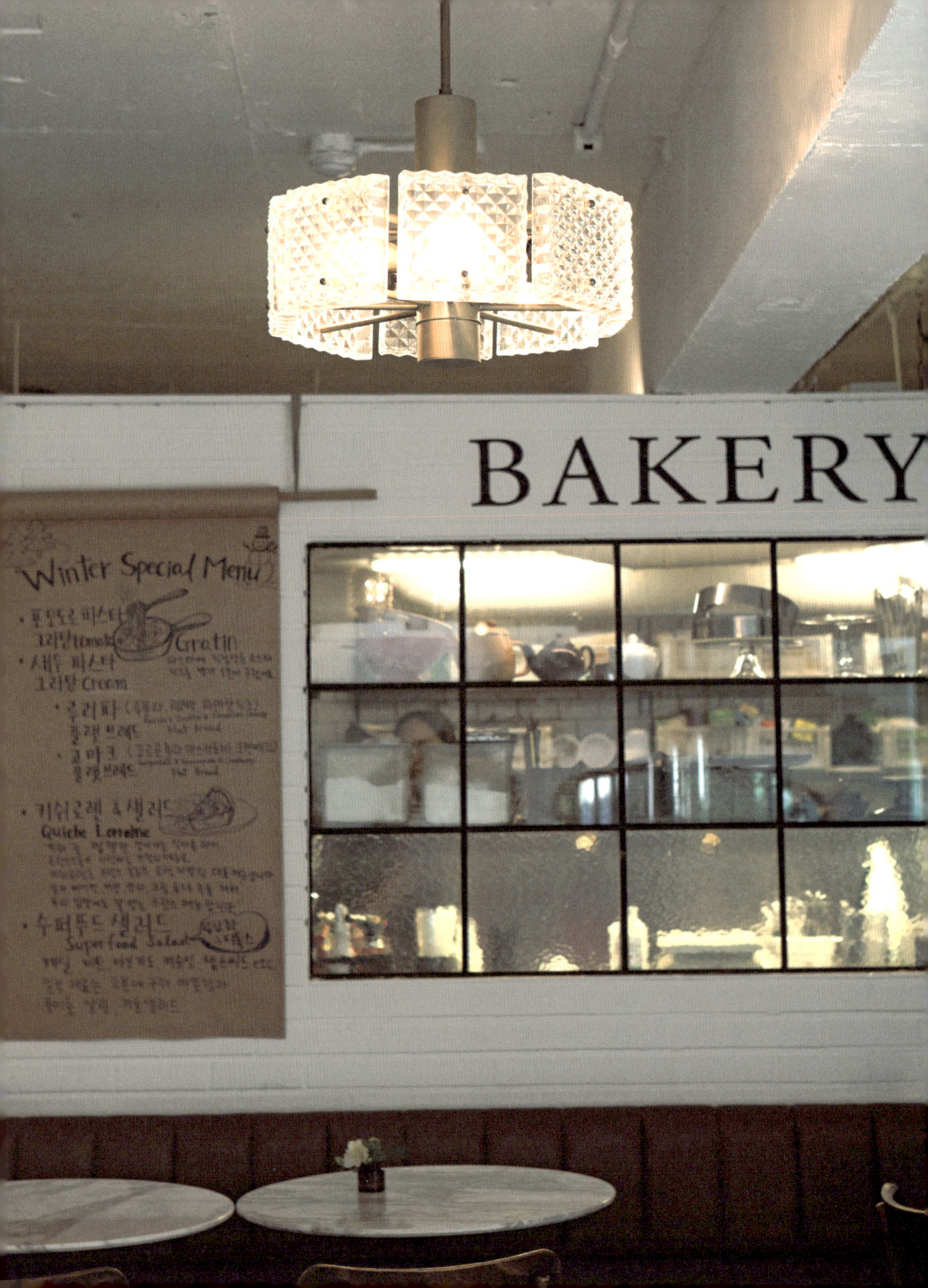
BAKERY
Winter Special Menu
Gratin
새우 파스타
그라탕 Cream
키쉬로렌 & 샐러드
Quiche Lorraine
수퍼푸드 샐러드
Superfood Salad

PAPER ROLL MENU

손글씨 페이퍼롤 메뉴

크라프트 롤페이퍼를 벽에 걸고 싶어 기성품 홀더를 찾아보니
과하고 무거운 디자인뿐이었다.
인테리어하고 남은 쪽나무 두 개를 맞붙이고 양쪽을 면리본으로 묶어
롤페이퍼를 쏙 집어넣으니 홀더가 완성됐다. 이처럼 카페 소품 중 대부분은 빈티지거나
서툴어도 직접 만든 것이다. 가로수길 시절에는 테이블 메뉴판 역시 손글씨로 써서 만들었다.
당시에는 아뜰리에 스타일의 카페여서 손글씨 메뉴판이 더 잘 어울렸던 것 같다.
요즘 테이블 메뉴판은 인쇄물로 대신하지만 벽에 거는 페이퍼롤 메뉴판에는
여전히 손글씨를 쓴다. 계절별로 대표 메뉴를 소개하고 설명을 쓰기도 하지만,
인테리어 소품처럼 느낌 있는 글씨로 여백을 두는 것이 중요하다.
싫증나면 가위로 잘라내고 새롭게 적을 수 있다. 전에는 칠판에 쓰는 분필 글씨를 좋아했지만
요즘은 페이퍼롤에 쓰는 매직펜 글씨가 어쩐지 더 멋스러워 보인다.

VINTAGE LAMP

60's 빈티지 조명

지나다 보면 불빛이 너무 예뻐서 그냥 들어가고 싶은 가게가 있다.

특히 외국 여행을 할 때 많이 하는 경험으로, 그런 가게들은 대부분 램프 디자인부터 특별했다.

비싼 제품을 말하는 것이 아니라 뭔가 스토리가 느껴졌다.

블룸앤구떼의 메인 램프는 모두 빈티지다. 가로수길 시절부터 하나씩 모아 온 것이 이제 꽤 많아졌다.

빈티지 콜렉터 사보Sabo에게 구입한 것이 대부분으로 주로 1960년대 제품.

아티스트로 불리어 마땅한 유리공예 장인들이 입으로 불고 손끝으로 모양을 냈으니

예술품이라 해도 되겠다. 디자인이 아름다운 것은 물론이고, 우리가 빈티지 램프를 좋아하는

또다른 이유는 질리지 않는 편안함이다. 바쁘고, 빠르고, 시끄러운 세상을 잠시 뒤로하고

커피 한잔과 달콤한 케이크로 피곤을 푸는 카페라는 공간의 기능을 생각해보면,

편안함이 얼마나 중요한 요소인지 공감할 수 있다.

이런 빈티지 램프에는 꼭 백열전구를 고집한다. LED 전구는 따뜻한 계열을 써도

푸른빛이 돌아 빈티지의 멋이 반감된다. 수명이 짧아 번거로워도 백열전구를 고집하는 이유다.

이베이를 통해 구입한 미국 빈티지. 가로수길에서 세로수길로 이사할 때
디자인팀이 인테리어에 맞게 골라준 테이블 램프다.

유일하게 디자이너의 기록이 남아있는 제품.
1960년대 스와로브스키 크리스털이며
디자이너는 요스카Joska.
하나하나 입으로 불었기 때문에 물방울 모양 대롱의
크기가 각기 다른 것이 오히려 매력.

유리공예로 유명한
이탈리아 무라노Murano 제품이다.
동그란 유리판을 하나씩 걸면서
모빌처럼 조립할 수 있다.
단순하면서도 이태리스러운 화려함이 있다.

와플 모양의 패턴이 있어 우리끼리는 와플등이라고 부른다.
1960년대 칼마 프랑켄Kalmar Franken 제품.
남성적인 디자인이 매력이다.

10년 넘게 블룸앤구떼와 함께하는 타원형 거울등.
이상하게도 이 조명이 켜져야 공간에 생기가 도는 느낌이다.
독일회사 알리베어트 제품으로 1970년대 빈티지.

카운터 위에 둘 등을 고민하다가 '바로 이거야'라고 반해버린
여성스럽고도 귀여운 램프. 독일 림브룩Limburg 제품.

섬세한 커트 세공으로 유난히 맑은 불빛을 만들어내는
크리스털 램프. 1960년대 킨켈데이Kinkelday.

단순하지만 섬세함과 여성미가 느껴진다. 마치 귀걸이를 걸 듯
체인을 고리에 거는 디테일에 반했다. 역시 1960년대 림브룩 제품.

작은 주얼리로 멋을 내듯이,
벽등을 밝히면
공간이 더 감각 있어 보인다.
독일 킨켈데이의 원통형 벽등.

GOOD INGREDIENTS

좋은 식재료의 선택

첨가제와 방부제를 넣지 않은 케이크와 빵이 있는 곳, 최상의 식재료로 만든 음식만 내놓는 곳.
블룸앤구떼가 처음부터 지켜온 원칙이다.
"좋은 재료가 선행되어야 몸에 좋고 맛있는 음식을 만들 수 있다."
무항생제 달걀, 국내산 유기농 밀가루, 우유로 만든 생크림, 호주산 버터, 벨기에산 초콜릿,
싱싱한 과일과 신선한 채소만 주방으로 배달된다. 단지 손님에게 파는 음식이 아니라,
내가 아껴먹을 케이크, 나의 허기를 달래줄 귀한 한 끼, 내가 사랑하는 사람에게 해주는 선물,
내 아이가 먹을 음식이라고 여기다 보니 당연히 재료 선택에 신중해지고 까다로워질 수밖에 없었다.
재료에 대한 투자는 손님을 위한 '바른 일'을 하고 있다는 자부심이기도 하다.

샐러드 소스는 프레시한 레몬과 허브를 사용해
감칠맛을 살린다.

케이크 재료에 가장 많이 쓰이는 무항생제 달걀.
전문 양계장에서 직접 배달받는다.

말차, 백년초가루, 코코아가루 등의 천연색소만 넣어 만든
컬러풀한 미니 시폰 케이크.

버터는 호주산 앵커 버터, 생크림은 국내산.

SIMPLE CAFE FOOD

심플한 카페 음식의 시작

카페가 요즘처럼 성행하지 않았던 10여 년 전에는 음식을 파는 카페가 거의 없었다.
브런치란 단어도 생소하던 시절이다. 식사를 하려면 레스토랑이나 밥집을 가야 했다.
파리나 도쿄의 예쁜 카페에서는 음식을 먹을 수 있는데 서울의 카페에서는
왜 커피와 케이크만 파는 걸까?
이런 일도 있었다. 카페에서 친구는 케이크, 끼니를 놓친 나는 디저트 대신 식사를 원했다.
결국 친구는 나를 위해 함께 나가서 밥을 먹고 다시 카페로 돌아왔다.
내가 손님으로 느꼈던 아쉬움을 블룸앤구떼에서 해소했다. 누군가는 에스프레소를 마시고
누구는 샐러드를, 또 다른 이는 케이크를 먹으며 꽃을 사가는 자유로운 분위기의 카페.

커피와 꽃, 케이크가 있는 향기로운 카페에 어울리는 보기에 아름답고
입이 즐거운 음식. 요리 공정이 복잡하지 않고 심플한, 모두가 만족할 수 있는 음식으로 메뉴를 채웠다.
치킨아몬드 샌드위치와 가든 샐러드, 키쉬 로렌과 카레라이스,
프렌치토스트, 라자냐, 와플 등이 우리의 첫 카페 음식이었다.

테이블마다 갈색병에 꽃을 담다

블룸앤구떼 오픈 초부터 작은 병에 생화를 꽂아 테이블마다 올려놓았다.

꽃이 올려져 있으면, 테이블마다 각각의 표정이 있는 듯 보였다.

아네모네가 웃는 테이블, 미니장미가 아스파라거스 잎사귀에 숨은 테이블….

손님들은 주문한 커피나 케이크가 나오면 일단 꽃 옆에 놓고 사진부터 찍었다.

당시만 해도 디지털카메라나 필름카메라를 들고 다니던 시절이다. 전문가용 커다란 카메라나

스타일 나는 라이카 수동카메라로 사진 찍는 손님들을 흔히 볼 수 있었다.

여자 손님들은 그 작은 꽃병을 볼에 대고 포즈를 취하기도 했다.
오픈한 지 1년쯤 지났을 때부터 화장품 브랜드 Aesop 갈색병을 미니 화병으로 사용했다.
당시에는 블룸앤구떼처럼 Aesop 역시 신생 브랜드였다. 나는 Aesop 갈색병의 담백함과
안정감이 마음에 들었다. 투명한 화병이 일반적이지만, 진한 갈색이 주는 검박한 아름다움도 있다.
또한 리사이클이라는 친환경 의미도 좋았다. 때문에 라벨을 떼지 않고 꽃을 꽂았는데
손님들도 그걸 신선하게 받아들였다. 특히, 병의 크기와 주둥이의 비례감이 너무 좋아서
꽃을 꽂으면 예뻐 보일 수밖에 없었다. 그후 손님들에게

"저도 블룸앤구떼에서 본 대로 Aesop 병에 꽃을 꽂고 있어요"

라는 인사를 많이 들었다. 지금은 많은 카페들이 테이블에 꽃을 꽂고 있다.
하지만 '테이블 미니꽃' 하면 블룸앤구떼를 기억해주는 분들이 많다.
그 신선한 아름다움은 블룸앤구떼 하면 떠오르는 상징이기도 하다.

Package Knowhow

또 한 번 만족스러움을 전하는
우리만의 선물 포장법

나뭇잎, 열매 등의 자연물을 함께 넣은 포장법은 초창기부터 입소문을 타기 시작했고,
일부러 포장만을 부탁하기 위해 찾아오는 손님들까지 생겨났다. 화려하거나 거창하게 꾸미지 않아도
제품을 돋보이게 해주는 작은 포인트에 신경 썼던 것이 많은 이들에게 공감을 불러일으킨 것 같다.
특별함보다는 선물을 받는 사람의 기분을 가장 많이 생각했던 세심함이 가장 큰 노하우다.

자연을 담은 선물 포장법

가로수길 시절부터 쿠키, 와인, 잼 등을 포장할 때는 나뭇가지와 열매 등
쉽게 시들지 않는 자연 소재를 함께 사용했다. 우선, 상자를 오픈하면 신선한 향이 느껴져 기분이 좋다.
향이 좋은 유칼립투스, 편백, 로즈마리를 곁들인다. 열매는 계절을 느낄 수 있도록
봄, 여름에는 녹색 연밥이나 망개, 미모사(가루가 날리지 않을 정도로 약간만),
익지 않은 채 가지에 매달린 작은 과실류, 가을에는 꽈리, 도토리, 말린 열매, 겨울에는 크리스마스 느낌의
붉은 열매, 계피, 솔방울 등 그때그때 구할 수 있는 것을 사용한다.

COOKIE BOX

바닥에 저렴하고 향이 좋은 편백을 잘라서 충분
히 깔아준다. 그 위에 개별 포장한 쿠키, 브라우
니, 타르트 등을 열매, 유칼립투스 등과 함께 보
기 좋게 진열하고 잘 시들지 않는 심비디움, 카
네이션 등의 꽃을 약간 곁들인다.

GOURMET BASKET

계절별로 제철 과일이나 채소를 이용해 기획상품을 만들
기도 한다. 주로 잼, 소스, 과일청 등. 병의 크기나 모양이
달라 박스에 넣기보다 바구니를 사용한다. 짚의 느낌이 나
도록 자연색 라피아를 폭신하게 깔면 높이도 조절해주고
유리병도 보호해준다. 병은 비스듬하게 세워 담고 아보카
도, 라임, 레몬 등의 과일을 이용해 각도나 빈 공간을 조절
한다. 미니 꽃다발을 만들어 한쪽에 놓으면 시골풍 고메이
바스켓 완성.

WHITE CAKE BOX & BOUQUET

화이트 케이크 박스와 미니부케

"우와, 예뻐요!"

케이크 박스를 받아들면서 환하게 웃는 손님들.
꽃 두세 송이에 잎사귀를 더해 케이크 박스에 얹어주는 것만으로,
꽃다발을 받는 것만큼이나 기뻐하는 모습이 좋다.
단풍, 편백, 주목 나뭇잎과 각종 열매는 계절에 맞게 곁들인다.
꽃이 더 돋보이는 건, 깨끗한 화이트 박스에 얹어서일 거다.
좋은 날을 더 좋게 만드는 작은 배려,
케이크 박스에 미니부케 붙여주기.

Blooming

Everyday

일상의 동반자, 플라워

/

플로리스트, 블룸 이진숙

Being
a Florist
나, 플로리스트

잡지 기자를 하던 시절 나는 반포 고속버스터미널
근처에 살았다. 토요일 오후면 지하상가 꽃시장에
갔었다. 이집 저집 둘러보며 하염없이 꽃구경을
하고, 전시된 꽃바구니를 감상하고, 돌아올 때는
한 다발씩 꽃을 샀다.
집에 꽃을 꽂아두면 내가 좀 더 괜찮은 사람처럼
느껴졌다. 꽃을 골라서 사올 때, 꽃꽂이할 때, 그리
고 가까이 놓고 바라볼 때마다 기분이 좋아졌다.
다른 물건과 비교해 가격 대비 이렇게 여러 번, 지
속적으로 기분을 좋아지게 만드는 소비는 없는 듯
했다.

어느 날 기자를 그 만 두 고 런던으로 꽃을 공부하러 떠났다.

1999년 2월의 일이다. 한국에서 사전조사를 해봤지만
런던에서 꽃에 관한 공부를 어떻게 시작해야 하는지, 거의 알아낼 수가 없던 시절이었다.
단지 컬리지에 'Floristry'라는 꽃에 관해 배울 수 있는 학과가 있다는 것만 알고
랭귀지스쿨 6개월 비자로 런던에 도착했다. 나에게 런던은 도시 자체가 거대한 학교였다.
거의 매일을 하루 서너 시간씩 걸었던 듯하다.
그냥 걸으며 건축물을 보는 것만으로 좋았다. 본드 스트리트에 가면 매장들의 디스플레이에
홀려 하루를 보냈다. 쇼윈도를 하나의 작은 갤러리처럼 꾸며놓는 그들의 문화적,
물질적 풍요로움이 한없이 부럽기만 하던 시절이다.
사치품은 사지 않았지만 많은 공연을 보며 눈과 귀를 호강시켰다. 하이드파크 잔디밭에 앉아
맥주를 마시며 보았던 부에나비스타 소셜클럽 런던 공연,
로열필하모닉, 런던필하모닉, 정명훈과 길 샤함, 미샤 마이스트, 류이치 사카모토, 클리오 레인,
존 윌리암스, 바바라 보니
그리고 캠든타운의 재즈바, 오페라와 뮤지컬, 로열발레… 장르 구별 없이 흡수했던
문화적 영양분은 아직까지도 나의 혈관에 남아 있다.
그들은 당연한 듯했지만, 내게 인상적인 것 중 하나는 영국인들의 생활 속에 늘 꽃과 식물이 함께
한다는 것이었다. 너무 새로웠다. 어느 건물이든 정원에는 꽃이 피어 있었고, 로비에 들어서면
커다란 꽃장식이 손님을 반겨주었다. 가게에도 사무실에도, 촌스럽든 세련되었든,
그들의 일상 속에는 늘 '꽃'이 있었다.
컬리지에 다니는 2년간, 학교와 꽃집에서 꽃에 관해 공부했다. 꽃작업은 손과 느낌으로
하는 거라서 곧잘 따라 하고 칭찬도 받았다. 꽃집 경영, 관리, 안전 등에 관한
리포트도 많았는데, 말 안 되는 문법으로 열심히 해갔다. 학교에서 나이든 선생님들께 꼼꼼한
작업의 완성도를 익힐 수 있었고, 시내의 유명 꽃집 맥퀸즈, 더 바클레이 호텔 등에서 일하며
세련미가 무엇인지 배웠다.
한국에 오기 전 정희언니네 집에 머물며 파리의 꽃집 올리비에 비투에서 일해 본 경험도 값지다.
생 제르망 데프레에 있던 꽃집에서 일이 끝나면, 멀지 않았던 오페라에 가서 플로리스트 크리스티앙
토투Christian Tortu의 샵을 구경했다. 그의 작업은 지금까지도 내게 많은 영향을 주고 있다.
자연미와 세련미의 공존. 고급스러우나 자랑하지 않는 겸손, 클래식하지만 아주 현대적인,
예술적이면서 생활 속에 어울리는 그의 꽃. 요즘도 가끔 그의 책을 펴고 매번 감탄하며

책장을 넘긴다. 2004년 블룸앤구떼 오픈부터 가로수길을 떠난 2015년 7월까지,
11년간 지루한 줄 모르고 플로리스트로 만족하고 살았다.
블룸앤구떼가 플라워 & 케이크 카페로 정점을 찍은 기간도, 차츰 관심이 줄어드는 기간도 겪으며
플로리스트로서, 인간으로서 성장한 것 같다. 반포로 매장을 옮긴 후 잠시 쉬어간다는 마음으로

일을 줄여서 하고 있다. 요즘은 우리나라에도
새로운 제안과 예술적 감각을 갖춘 진화된
플로리스트들이 많다. 영국에서 돌아온 2002년,
깊은 한숨을 쉬며 꽃시장을 돌던 기억이 난다.
안개꽃과 빨간 장미가 가장 많았고 국화,
카네이션 사이로 우리나라에 막 나오기 시작한 리시안서스,
아네모네, 패롯튤립 등이 숨어 있었다. 그때에 비하면
꽃의 다양성과 품질은 놀랄 만큼 성장했다.
예쁘고 감각적인 여자는 다 플로리스트를 하나? 싶은
플로리스트도 많고 꽃의 수준도 높아졌다.
그러나 안타깝게도 우리의 생활 속에는 '꽃'이 없다.
아니, 점점 더 없어지고 있다.
손님이 올 때 장을 보면서
식탁에 꽂을 꽃도 같이 사면 좋겠다.
초대를 받았을 때 실용적이라며 티슈나 세제만 사지 말고,
바라볼 때마다 미소를 주는 꽃도 몇 송이 사 가면 좋겠다.
결혼기념일에, 기계처럼 찍어낸 빨간 장미 꽃바구니를
배송시키기보다는, 작은 꽃다발이라도 받는 이의
취향에 맞게 주문하는 사랑을 보여줬으면 좋겠다.
나를 집중하게 하고, 그 아름다움에 빠지게 하는,
꽃으로 작업하는 순간이 좋다. 시장에 가서 꽃을 살 때
매번 예산을 초과해버리는 것도 예쁜 꽃을 보면
잠시 이성을 놓아버리기 때문이다.

비록 손은 망가지고, 체력 소모도 많지만 플로리스트의 삶에는 우아한 '무엇'이 있다.
꽃을 다듬고 작업을 하는 플로리스트의 몸짓에 따라 점점 완성되어가는 꽃다발, 센터피스, 화병꽂이…
이런 몰입의 과정을 통해 달라지는 꽃의 백만 가지 표정들. 이런 것들이 나를 이 세계에 계속 머무르게 한다.
삶의 중요한 순간마다 사람들은 꽃을 필요로 한다. 출산, 생일, 입학과 졸업, 파티, 프로포즈,
결혼식, 기념일, 병문안, 장례식. 어찌보면 플로리스트는 그들 인생 일부를 공유하는 직업이다.
모든 행사에 쓰였던 꽃은 그들의 기억과 함께 사진에 남고, 플로리스트는 꽃으로 그 자리에 함께 한다.
이런 멋진 직업이라니!

Flowers & Plants For The Shop

분위기를 끌어올리는
꽃과 식물 디스플레이

FLOWER
DECORATION

플라워 데코레이션

카페, 베이커리, 옷가게 같은 매장에 들어갔을 때 꽃이 꽂혀 있으면 환영받는 기분이 든다.
매장에 꽃장식을 하고 싶다면 쉬운 방법으로 하기를 권한다. 아무리 꽃을 좋아해도
번거로워지면 슬쩍 건너뛰고 싶어진다.
가능한 만큼 시간과 금액을 투자하고 '지속적'으로 하는 것이 중요하다.

완성도보다는 콘셉트

모두가 플로리스트는 아니므로 완성도를 걱정할 필요는 없다. 그보다는 매장 분위기에 맞게 느낌을 주는 것이 포인트. 꽃시장에서 예쁘다고 이것저것 사오면, 오히려 작업하기가 어려워진다. 매장에 어울리는 콘셉트를 정하고 처음 고른 꽃에서 출발, 서로 어울리는지 맞춰가며 나머지 꽃과 소재를 고른다.

계절을 담는다

실내에 자연을 들여놓는 가장 좋은 방법은 계절을 흠뻑 느낄 수 있는 꽃이나 소재를 활용하는 것이다. 남쪽에서 올라온 나뭇가지 하나만으로도 조금 일찍 계절을 만끽할 수 있다. 제철 꽃은 가격도 저렴하다.

빈 듯하게 꽂는다

화병을 꽉 채울 필요는 없다. 화병 한쪽에만 꽃을 비스듬하게 몇 송이 꽂아두어도 근사하다. 특히 물건이 진열된 곳에 꽃을 놓을 경우, 꽃의 존재감이 너무 두드러지지 않도록 빈 듯 꽂는 것이 좋다.

진열장이나 쇼케이스에 작은 꽃장식을 두면 그 공간에 어떤 이야기가 있는 듯한 느낌.
작약과 썸바디. 탐스럽게 피는 작약은 오는 손님마다 한번쯤 더 바라보게 되는, 모두가 좋아하는 꽃이다.

한 가지 꽃으로

헬레보루스 Helleborus
섬세한 꽃잎이 마치 날개짓하는 나비처럼 아름다운 헬레보루스.
지중해에서는 겨울에 꽃을 피워 크리스마스 로즈라고도 불린다.
고개를 살짝 떨군 모양을 살려서 꽂는다.

런던 꽃가게에서 일할 때 들었던 말이다.
꽃의 색감이나 종류를 믹스매치하기가 어렵다면 한 가지 종류의 꽃만 꽂아보자.
계절감을 표현하는 데 더 효과적이며, 자체의 아름다움에 집중할 수 있다.

1 수선화 Daffodil

꽃잎 안쪽의 진한 컬러가 고급스러운 오렌지 수선화. 수선화는 꽃도 예쁘지만 잎과 줄기의 청량함이 매력적이다.

2 유차리스 Eucharis

별모양의 청순한 흰 꽃과 줄기가 우아한 유차리스. 오히려 적게 꽂는 것이 선과 꽃을 즐길 수 있는 방법이다.

3 미모사 Mimosa

봄의 정령과도 같은 노란 미모사. 시들지 않고 보기 좋게 그대로 마른다.

FOLIAGE

—————

소재만으로

& BRANCH

나뭇가지, 열매, 잎사귀 등의 소재만으로도
매장을 꾸밀 수 있다. 꽃보다 훨씬 오래가기 때문에
경제적일 뿐 아니라, 녹색이 주는 편안함과 싱그러움이 있다.
꼭 여러 가지 종류를 섞지 않아도 된다.
한 종류, 또는 두세 종류만으로도 좋다.
대신, 잎의 모양과 색이 서로 다른 것을 선택해서
컬러와 질감의 변화를 주도록 한다.

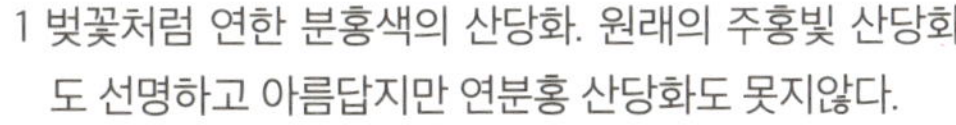

1 벚꽃처럼 연한 분홍색의 산당화. 원래의 주홍빛 산당화
도 선명하고 아름답지만 연분홍 산당화도 못지않다.

2 제주도의 섬담쟁이와 에렌지움, 서귀나무, 너도밤나무.
컬러가 서로 다른 열매류의 조합.

3 핑크페퍼의 멋진 선율. 서양요리에 많이 쓰이는 핑크색
후추나무는 그대로 드라이되어 오래 두고 볼 수 있다.

4 시드 유칼립투스, 편백, 블라썸(미니 솔방울). 겨울철, 특
히 12월에 알맞은 소재들이다.

SWEET PEA

덩굴식물 스위트 피

실크처럼 얇은 반투명 꽃잎과 자유로운 덩굴줄기가 매력적인 스위트 피.
처음 수입되었을 때는 많이 비쌌지만 이제는 국내에서도 활발히 재배되면서 가격도 저렴해졌다.
시든 꽃은 떼어내고 덩굴줄기만 꽂아놓아도 될 만큼 곡선이 멋지다.
요리에 고급양념을 첨가하듯, 꽃을 꽂을 때 조금씩 사용하면 효과적이다.
스위트 피를 오래 가게 하기 위해서는 처음 손질이 중요하다. 줄기가 약해서 많은 양을
한꺼번에 자르거나 무딘 가위를 사용하면 으깨지기 쉽다.
물을 빨아들이는 통로가 막히게 되는 것. 한두 개씩 잡고 잘 드는 가위로 자르고,
줄기 끝을 촛불에 3, 4초씩 달궈주면 훨씬 오래두고 볼 수 있다.

나뭇잎 문양이 섬세한 앤티크 화병에 어울리는 페미닌한 줄리엣 로즈와 스위트 피.

화이트와 그린의 싱그러운 만남. 특히 여름철에 어울리는 어레인지먼트로,
스위트 피도 화이트 컬러를 곁들였다. 라넌큘러스, 썸바디, 줄기 사루비아, 유칼립투스, 스위트 피.

스위트 피 덩굴은 아래로 드리워도 멋지다.
스위트 피와 스카비오사 포드, 두 가지 종류로만 완성.

cafe
GOOD FO

식물 디스플레이

사실 실내에서 마음 놓고 키울 수 있는 식물은 그리 많지 않다.
그 때문인지 공간에 어울리지 않는 식물을 어색하게 세워놓은 매장들을 자주 본다.
부족한 햇빛과 물, 적절치 못한 통풍을 견딜 수 있는 종류는 관엽식물이 유일한 듯.
관엽식물은 커다란 잎과 줄기를 즐기는 식물이다.

매장 분위기가 관엽과 어울리지 않는다면,
가지와 잎의 선이 고운 나무류, 야생화, 허브, 서양란 등을 적절히 섞어보자.
대신 2~3일에 하루는 식물을 밖에 두어 바람과 햇빛을 만끽하게 해야 한다.
번거롭기는 하지만 관엽과는 다른 섬세한 풍경을 연출할 수 있다.

PLANTS DISPLAY

가녀린 가지의 능선과 눈썹 같은 잎사귀가 아름다운 자귀나무.

드러누운 듯한 줄기가 매력적인 오돈토 온시리움.
나는 언제나 직선보다는 곡선을 이루는 식물을 선호한다.

PLANTS BUCKET

식물과 소재를 믹스한 플랜트 버킷

식물과 소재를 버킷에 담아 오래 두고 볼 수 있는,
가성비 좋은 식물 디스플레이.
작은 식물과 소재, 꽃 등을 높낮이, 각도를
달리하며 꽃바구니 만들 듯 꾸미면 된다.
중간에 시드는 것만 교체하면 되므로
적은 예산으로 감성있는 공간을 꾸밀 수 있는 아이디어.

만 들 기

1 버킷 뒤쪽으로 황칠나무 화분을 놓는다.

2 줄기가 길고 섬세한 식물, 붓들레아를 황칠나무 옆이나 위로 올린다.

3 꽃이 핀 체리 세이지 화분을 버킷 앞쪽으로 놓는다.

4 냉이줄기, 유포르비아, 페니쿰 같은 절화를 물과 함께 플라스틱 화기에 담아 빈 공간을 채운
   다. 잎이 너무 작은 식물만 모아놓으면 자칫 지저분해 보일 수 있다. 뒤쪽에 놓는 식물은 잎이
   살짝 큰 것으로 선택하자.

※ 식물은 각 매장이나 공간에 어울리는 것을 선택하면 된다. 소재 또한 그 계절에 손쉽게 구할 수 있는 것으로 대체할 수 있다.

1 오렌지색 카틀레아처럼 멋진 색감이나 선을 자랑하는 서양란이 많다. 도자기 화분보다는 메탈 화기를 이용하면 모던해 보인다.

2 선반에 작은 식물을 올려보자. 볼 때마다 미소가 지어진다. 선반은 주로 높이 있으므로 아래로 살짝 늘어지는 것이 더 매력적.

3 천장이 높고 넓은 공간이라면 대담한 사이즈의 관엽을 추천한다. 작은 사이즈를 다른 종류와 섞어서 그룹을 만들어 배치하는 것도 방법이다. 잎과 줄기가 감각적이고 키우기도 수월한 관엽식물, 셀렘과 몬스테라를 추천한다.

4 카운터나 테이블에 올려놓기 좋은 미니 홍콩야자. 저렴하고 귀엽고 생명력까지 강한 착한 식물.

MY FAVORITE PLANTS MARKET

나의 페이버릿

식물시장

양재동 꽃시장에서 차로 10분 거리에 있는
남서울 화훼단지는 내가 사랑하는 곳이다.
식물은 생화와는 또 다른 느낌이다.
순간에 마음을 빼앗은 연인이 생화라면,
함께 시간을 보내고 싶은 편안한 친구를
식물에 비유하겠다.
여러 개의 비닐하우스로 나누어진 이곳은
서양란, 관엽, 동양란, 선인장, 다육식물,
허브, 야생화 등 품목을 나누어 전문성을 살린
가게들로 이루어져 있다.
식물원에 온 듯 천천히 둘러보면
몇 시간은 금세 지난다.

대우식물원

가동 4호에 위치한 야생화 전문 매장. 화훼단지 전체에서 딱 한 곳만 선택한다면 바로 이곳.
탐스럽고, 보기 좋게 다듬어진 것은 아예 없다. 헝클어지고, 거칠고, 수줍고, 삐딱하다.
하지만 구입해서 집에 놓아보면, 무심한 듯 편안하게 공간을 잡아주는 힘이 있다.
남도에 많은 선이 아름다운 나무와 야생화로 유명한 곳이다.

미리내농원

아버지에서 아들로 이어지며 허브 농장을 운영하는 과천시 주암동에 위치한 곳이다.
어른 키만큼 늠름하게 자란 유칼립투스는 이곳이 아니면 만나기 어렵다. 라벤더, 세이지, 딜 등
서양 허브가 전문이지만, 폭스글로브처럼 타샤할머니의 정원에 피어 있을 듯한
독특한 서양 화초류도 많이 있다. 꽃피는 허브는 봄에 사다 놓으면
늦가을까지 꽃을 피우며 기쁨을 준다. 과천시 주암동 92-1.

경제농원

없는 것 빼고 다 있는 다양한 식물을 갖춘 집. 요즘 핫한 행잉플란츠부터
관엽, 다육, 초화류까지 선택이 다양하다. 특히 실내에서 잘 자라고,
관리가 편한 아파트형 식물이 많이 갖춰져 있는 곳이다. A동 6호에 위치.

Dahlia Farm

요즘 가장 트렌디한 꽃

다알리아 농장

플로리스트들에게   요즘   가장   핫한 꽃으로   다 알 리 아 가   등극했다.

우리나라뿐이 아니다. 인스타그램을 보면 세계적으로 얼마나 많은 플로리스트들이
다알리아를 사랑하는지 알 수 있다. 탐스러운 겹꽃잎, 독보적인 얼굴 크기, 완벽한 형태감,
파스텔부터 다크까지 다양한 색상, 다알리아와 사랑에 빠질 이유는 셀 수 없이 많다.
럭셔리하면서도 로맨틱한 신비로운 꽃이다.
지난 가을, 충남 홍성에 있는 '은하대생' 다알리아 농장을 방문했다.
이틀에 한 번씩 여름 다알리아를 출하하고 마무리를 준비하는 농장은 살짝 쓸쓸했다.

한여름, 농장 가득히 다알리아가 넘실거릴 때 왔으면 좋았겠다.

하지만 가을 꽃농장의 운치도 매력적이다. 주변을 산책하며 수확하지 않아 말라가는 콩깍지 줄기,

길가의 수쿠렁, 갈잎 등을 채취했다. 농장에서 선물로 주신 다알리아와

이런 획득물들로 핸드타이드 부케를 만들었다.

화려한 여름이 가고 차분한 사색의 계절이 오는 길목이다.

버건디 컬러 다알리아 아울렛과 작고 동그란 오렌지 퐁퐁의 하모니에 흰색 설회 한 송이.

야생에서 거둔 메마른 소재, 서울에서 가져간 스모크 트리, 금사매를 곁들여 가을 들판에 눕혔다.

다알리아 이야기를 하면서 소개하고 싶은 책이 있다.
미국 워싱턴주 스카깃 밸리에서 꽃농장을 운영하고 있는
에린 벤자킨Erin Benzakein의 『Cut Flower Garden』.
스스로를 꽃농부Farmer Florist로 소개하는 그녀는
남편과 직접 꽃농사를 짓는다.
『Cut Flower Garden』은 그녀의 첫 번째 출판물.
책은 아마존을 통해 구입할 수 있고, 그녀의 인스타그램은 @floretflower.

농장별로 다알리아 품종이 다르다.
고속버스터미널 3층 꽃시장 김바우원예의 다알리아.
다알리아는 물을 잘 올리지 않으면 빨리 고개를 숙이는 경향이 있다.
가능한 물속 자르기 하고, 줄기 끝을 끓는 물에 살짝 지지면 물을 잘 빨아들인다.

Natural Arrangement

테라스 식물을 이용한
플라워 어레인지먼트

4월부터 11월까지, 테라스의 식물들은 매일 다른 그림을 그려준다. 비가 온 다음날 아침에 나가보면
체리 세이지 줄기가 한 뼘이나 자라 있고, 나비 날갯짓이 분주하게 지난 자리에 자스민 꽃이 피어난다.
주체할 수 없이 흐드러지는 식물 줄기를 무심하게 잘라 꽃장식에 자주 활용한다.
손에 잠시 쥐고만 있어도 신선한 향이 온몸에 스미는 허브들은 빼놓을 수 없는 테라스 식물들이다.
로즈메리로는 미니 부케를 만들고, 센터피스에는 길게 자른 민트 줄기를 드리워본다.
다듬지 않고 키운 식물을 곁들이는 것만으로도 부케나 꽃바구니가 한결 자연스러워진다.
손바닥만 하게 작아도 우리에게 테라스가 있다는 건 늘 축복이다.

bloom and g

섬머 센터피스 # SUMMER CENTERPIECE

가든 미니장미, 용담초, 맨드라미, 오이풀, 상사초,
퐁퐁 다알리아 등 여름 꽃들을 모아 자유롭게 완성한 센터피스.
라벤더나 세이지 등 특유의 향이 있는 허브류가 청량감을 준다.
좀 더 단정한 느낌이 좋다면 길게 늘어지는 줄기를 적게 사용하고,
높낮이 차이를 많이 두지 않는다.

JULIET ROSE & ADIANTUM

줄리엣 로즈 & 아디안텀 부케

아디안텀은 섬세한 잎들이
레이스처럼 펼쳐진 아름다운 식물이다.
줄리엣 로즈의 페미닌한 감성이
아디안텀과 조화되어 더욱 돋보인다.
체리핑크, 와인, 레드 같은
짙고 고혹적인 색상의 장미라면
아디안텀보다는 질감이나 색감이
더 거칠고 진한 소재를 권한다.
꽃의 형태와 색감을 고려해 소재를
고르는 것을 항상 염두에 두자.

FLOWER
BASKET

플라워 바스켓

초여름부터 늦가을까지는 허브의 계절. 애플민트, 스피아민트, 딜, 로즈메리, 라벤더, 바질,
세이지, 타임 등 다양한 허브와 서양풍의 여름 식물들을 꽃바구니에 이용해보자.
꽃과는 또 다른, 싱그러운 허브향이 받는 이에게 큰 기쁨을 준다. 허브는 관상용으로도 좋지만
하절기에는 하루가 다르게 자라는 것도 키우는 재미. 잎이나 줄기를 잘라 프레시 허브티를 만들거나
서양요리를 만들 때 양념으로, 또는 음식 장식용으로 사용한다.

유칼립투스, 체리 세이지,
라벤더, 자색 바질, 제라늄

퐁퐁 다알리아, 가든 로즈,
상사초, 브러시 플라워 , 글로리오사

Hand Tied Flowers

한 손에 담아내는 풍성한 그림

꽃 다 발

귀여운 얼굴의 노란 카탈리나 장미,
섬담쟁이, 심비디움, 약간의 미모사,
연두빛 애정나무로 완성한 미니 꽃다발.
광택 없는 린넨 리본으로 담백한 마무리.

어두운 꽃들의 시크한 매력.

맑은 와인색 아룸릴리를 시작으로,

짙은 와인색 안수리움,

더 고혹적으로 어두운 블랙시트 순으로 농도를 더해주었다.

스카비오사 포드는 질감을 풍부하게,

테두리의 실낱같은 시스타 펀은 여운을 더한다.

밝음과 어두움이 서로를 돋보여주는 꽃다발을 만
들었다. 우선 오렌지 튤립을 채도가 살짝 낮은 것
으로 선택했다. 들뜨지 않게 벨벳 같은 맨드라미
도 한 톤 가라앉은 것으로. 그리고 석죽과 앤틱 수
국의 깊은 색감으로 밝은 톤을 받쳐주었다. 잎과
열매가 같이 있는 시드 유칼립투스는 질감과 색감
을 모두 풍부하게 해주는 훌륭한 소재다.

거베라, 아룸릴리, 산수국, 리시안서스 엠버 보라, 라넌큘러스, 산동백.

아네모네, 체리핑크 레이스 장미,
지고페탈룸 오키드, 레드베리, 훼널, 다정금, 섬담쟁이. 잎새란.

꽃다발의 3가지 포인트

테마 Theme

시크하군, 사랑스럽네, 귀엽다… 완성된 꽃다발은 각각의 느낌이 전해지기 마련이다. 아무리 멋진 꽃다발도 의도에 맞지 않는다면 기쁨을 줄 수가 없다. 무엇을 위한 꽃다발인지, 주제를 이해하고, 거기에 나의 감각을 더해 꽃다발을 완성한다. 나머지 요소인 컬러와 질감조차도 모두 테마의 한 부분이라고 생각한다.

컬러 Color

빨간 꽃을 사기 위해 꽃시장에 간다. 빨간 코스모스, 빨간 아네모네, 빨간 다알리아, 빨간 맨드라미… 꽃마다 빨강의 느낌이 다르다. 심지어 같은 종류, 같은 색 꽃이라도 키워낸 환경에 따라 미묘한 차이를 낸다. 어떤 꽃을 선택하느냐에 따라 아주 다른 빨간 꽃다발이 된다. 내가 원하는 꽃다발의 메인 컬러를 정하고 거기에 맞춰 나머지 꽃의 색감을 잘 선택하는 감각이야말로 플라워 디자인의 시작이다.

질감 Texture

질감, 즉 텍스처는 꽃이나 소재의 모양, 색감, 요철, 표면이 다 합쳐져 나타난다. 어울리는 질감을 잘 사용하면 꽃다발에서 고급스러움이 느껴진다. 올록볼록한 것, 거친 것, 매끈한 것, 뾰족뾰족한 것 등 다양한 질감을 잘 조화시키는 건, 옷 입을 때 감각적으로 스타일링하는 센스와 비슷하다. 질감이 같은 종류만 모아놓으면 매력이 반감된다.

때로는 파스텔 색감이 좋다. 웨버 패롯 튤립, 라벤더 튤립, 델피늄, 스카비오사. 진한 색이 싫증 날 때는 수채화처럼 맑은 색감만 사용하기도 한다. 계절마다 다르게 수백 가지 색감의 꽃이 피어나는 건 플로리스트의 행복이다.

Floral Paper Wraping

2002년 청담동에서부터 지금까지 이어오고 있는 꽃
다발 포장. 은근한 멋쟁이 같은 크라프트지의 담백함
은 어떤 꽃과도 잘 어울리며, 꽃을 돋보이게 하는 힘
이 있다. 지금은 너무나 일반적인 크라프트지 포장이
지만, 망사포장이 일반적이던 당시에는 호불호가 나
뉘는 새로운 포장법이었다.

코스모스, 스위트 피, 더스티밀러, 알스트로메리아, 사루비아로 완성한 북유럽풍 꽃다발.
차가운 색감의 꽃들로 완성 후 다른 색을 더하지 않기 위해, 흰색으로 포장했다.
화이트 트레싱지 또한 오랫동안 사랑하고 있는 포장 종이.

꽃과 나무와 열매가 자유롭게 피고 지는 정원을 꽃다발에 담고 싶다.
언제나 아름다운 레이스 장미, 실키 오키드, 스콜치아, 스키미아, 유칼립투스, 다정금.
화지를 사용하면 꽃다발이 한결 풍성해 보인다.

수레국화, 목수국,
프렌치 러스커스, 루카덴드룸.

꽃무늬 종이를 이용한 빈티지풍 꽃포장.

꽃 다 발 에   꽃 무 늬   종 이 라 니,

전에는 상상할 수도 없던 조합이다.
요즘은 모두가 담백한 포장을 선호하는 것 같아 슬쩍 이렇게 비틀어보았다.
세련된 것도 가끔은 싫증 나기 마련이다. 취향은 바뀌는 거고, 정답도 없다.
요즘 나는 꽃무늬 포장지도 좋다.

Flower Cake 플라워 케이크

축하할 자리에 빠지지 않는 케이크와 꽃. 이 두 가지를 하나로 모은 플라워 케이크는
가로수길 시절 많이도 만들었다. 일상을 사진으로 남기는 요즘에 더 어울리는
케이크가 아닌가 싶기도 하다. 영국에서는 본인이 정원에서 키운 가든 장미, 델피늄, 스토크,
허브 등으로 케이크 장식을 해서 선물하기도 한다. 가장 신선한 꽃을 안심하고 사용할 수 있는
방법. 아파트 생활이 대부분인 우리나라는 베란다 식물을 활용해도 된다. 화분에 심은 미니장미,
헬레보루스, 라넌큘러스 등을 베란다에서 키우다가 가장 예쁘게 피었을 때 플라워 케이크를 만든다.
섬세함을 주는 줄기식물, 허브 등으로 그림 그리듯 케이크 위를 장식해보자.
장미나 작약처럼 얼굴이 큰 꽃들은 미니부케를 만들어 케이크 위에 꽂아준다.

Juliet Rose

줄리엣 로즈의 사랑스러움이 케이크와 만나
더욱 빛난다. 다른 소재나 꽃을 곁들이지
않았지만, 줄리엣 한 가지만으로도
충분히 아름답다. 주변을 장미 꽃잎으로
장식해주면 더욱 로맨틱하다.

케이크용 미니부케 만 들 기

1 사용할 꽃은 줄기를 10cm 정도만 남기고 다
   잘라낸다.

2 꽃을 뒤집은 상태(얼굴이 아래, 줄기가 위)로
   흐르는 물에 샤워시킨 후, 물기를 살살 털고 종
   이타월로 남은 물기를 닦는다.

3 함께 사용할 다른 꽃과 허브, 잎사귀 등도 같은
   방법으로 세척한다.

4 케이크의 지름에 맞춰 사이즈를 정하고 미니
   꽃다발 모양을 잡은 후 와이어가 들어있는 주
   방용 고정끈으로 줄기를 고정시킨다.

5 케이크에 고정되게 꽂히도록 줄기를 3cm 정도
   만 남기고 자른다.

6 줄기가 벌어지지 않도록 거의 끝부분을 한 번
   더 묶고, 호일로 줄기를 감싼다.

7 원하는 위치에 꽂는다.

Eatable Flowers

식용꽃을 주문하면 줄기 없이 꽃만 온다.
이때는 케이크에 그림을 그리 듯 꽃을 배열하면 된다.
원하는 형태가 있을 때는 종이에 스케치를 한 후 허브, 잎, 가지 등을 활용해
모양을 완성할 수 있다. 잔잔한 잎이 달려있는 줄기를 늘어뜨리거나
테두리에 둘러주면 더 로맨틱하다.

Peony

풍성하고 럭셔리하고 로맨틱하기까지 한 작약은 케이크 장식용으로도 최고.
특히 웨딩케이크나 결혼기념일에 더욱 어울린다. 러플처럼 꽃잎이 물결치는
그린색 라넌큘러스와 연핑크 작약이 사랑스럽다.

Easy Flower Decoration

생활용기를 활용한 쉬운

꽃장식

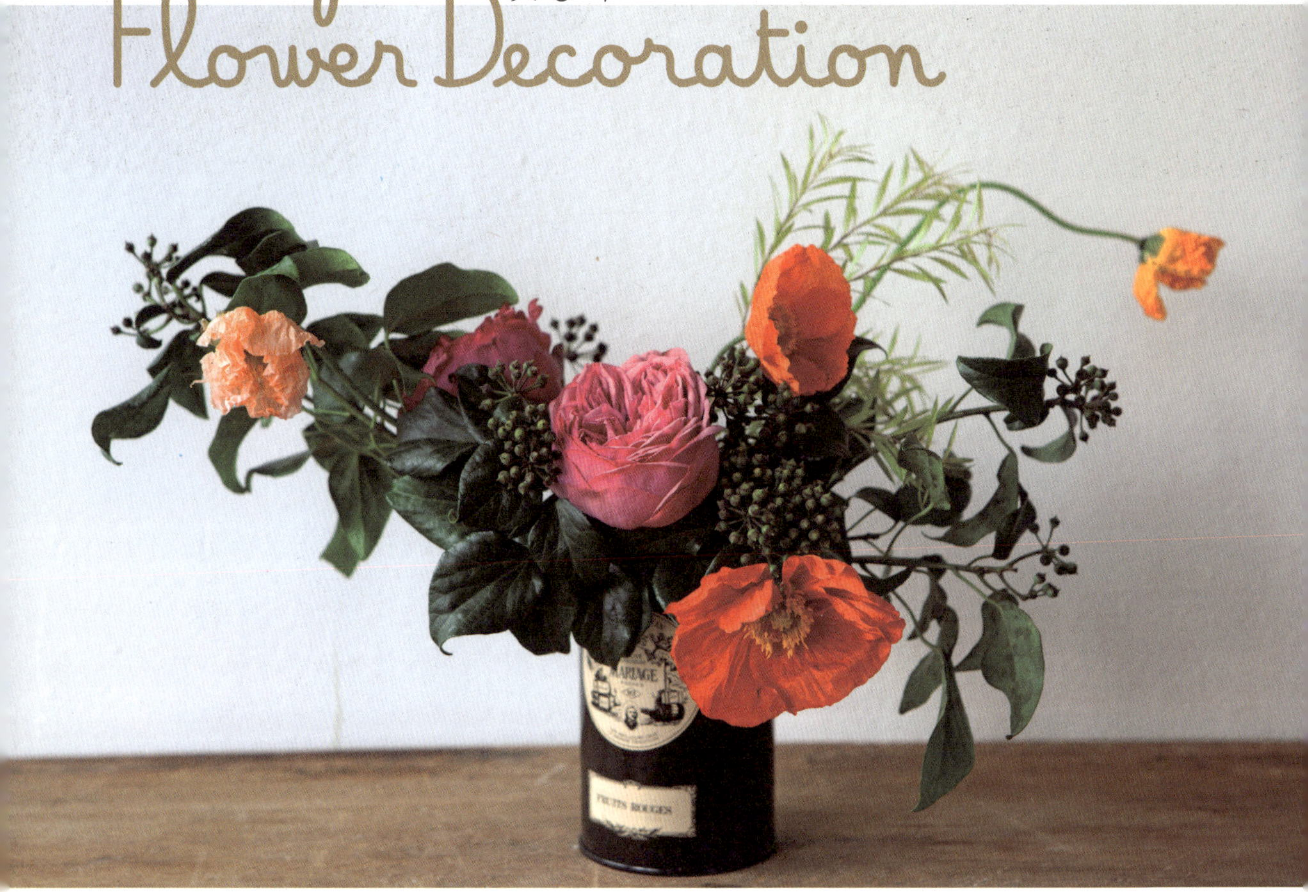

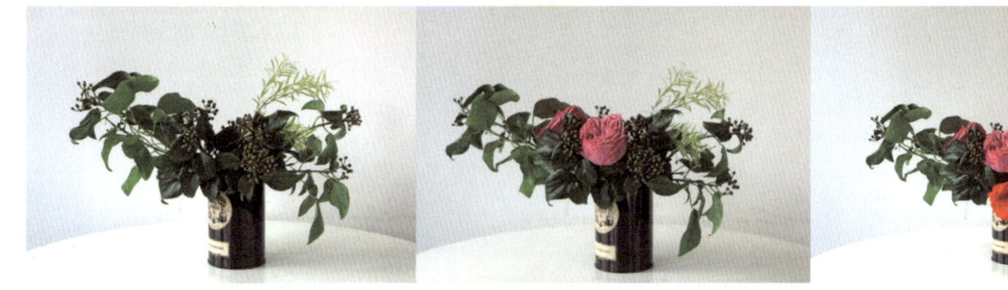

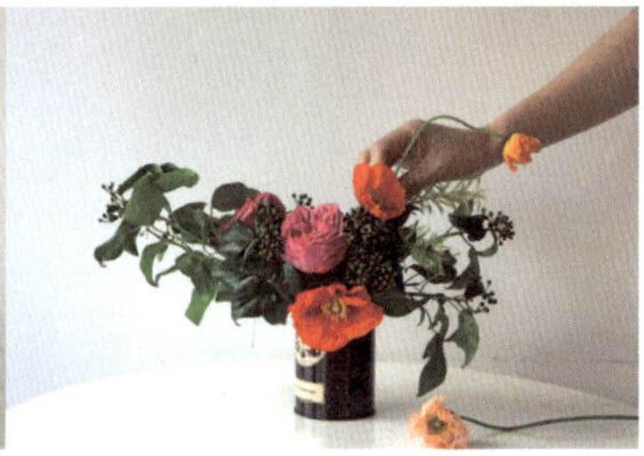

Tea Tin

향기로운 티가 담겨 있는 티케이스는 유난히 예쁜 디자인이 많다.

만 들 기

1 섬담쟁이를 양쪽으로 길게 꽂는다.

2 가든 장미를 중심으로 사용한다.

3 양귀비나 옥스퍼드, 스카비오사 등 선이 가는 꽃 종류를 드리운다.

Bowl

밑 부분에 굽이 있는 서양식 볼에
꽃을 꽂으면 센터피스로 제격.

만 들 기

1 꽃이 쓰러지는 것을 막기 위해 테이프를 붙여 칸을 나눈다.

2 섬당쟁이와 니콜 유칼립투스를 전체적으로 메워준다.

3 거베라처럼 얼굴이 큰 꽃을 짧게 꽂고, 구문초 줄기로 마지막 터치.

Pattern Glass

가로수길 시절부터 사용하던
프린트 물컵. 패턴이 시원해 보여
여름이면 꽃병으로 애용한다.

Juice Glass

허브인 딜dill 꽃과 포도 송이가 달린 듯한 무스카리의 어울림.

Coffee Pot

글라디올라스, 거베라

Copper Cup

과꽃, 앤틱수국, 비버스쿰

Colorful Cup

왁스플라워, 아스틸베

98

Bloom's Place 나만의 공간

서향집인 우리 집은 늦은 오후면 엄청난 햇살이 거실을 꽉 채운다. 정도가 지나쳐서
블라인드를 내리지 않으면 눈이 부시다. 덕분에 가구랑 책이 일부 바래버렸다.
흰색 커튼을 통과하며 살짝 보드라워진 자연광이 세례를 주듯 가구와 소품을 비춰준다.
빛과 정적이 함께 머무른다. 이때는 나도 어쩐지 동작이나 소리를 크게 하지 않게 된다.
사물은 빛에 잠기고 나의 공간은 정물화처럼 편안하다.
벽지와 커튼, 침구는 흰색을 못 벗어나고 있다.
한때 북유럽 색상의 무늬가 있는 커튼과 침구로 바꿔보았는데
남의 집 같은 낯설음에 사흘을 못 버티고 제자리로 돌아왔다.
언젠가는, 천장이 높은 집에서 벽에 밝은 색 페인트를 칠하고 살고 싶다.
가구는 단골 목공소에서 맞춘 것과 빈티지를 함께 쓴다. 이상하게도 반짝반짝 새것에는
별 매력을 못 느낀다. 유행과 관계없는 조금은 무뚝뚝한 디자인을 좋아하고,
한번 사면 오래오래 곁에 둔다. 스토리가 있거나 세월이 내려앉은 물건은 각기 고유한 매력을 품고 있다.
그게 뭔지 한마디로 정의할 수는 없지만, 물건도 나이가 들면 그냥 휙 버릴 수 없게 된다.

10여 년 전 단골 목수였던 오반장님이 만들어준 낮은 책장. 디자인과 사이즈를 다 그려주고 맞추었는데, 내가 나무 두께를 계산에 넣지 않아 키가 큰 책은 세워놓을 수 없는 것이 치명적 단점. 그래도 높이가 낮아 답답하지 않고 상판을 장식 선반처럼 사용할 수 있다.

나와 함께 나이 들어가는 빈티지 오디오 쿼드Quad와 특정 장르 없이 듣는 CD들.

많은 현대인이 그렇듯이 화면이든 활자든 뭔가를 계속 보게 된다.
앉아도 누워도 편한 오래된 빈티지 가죽 소파는 사이즈가 크지 않아서 마음에 든다.

덴마크 디자이너 한스 올슨Hans Olsen의
라운지체어는 앉았을 때
등과 팔이 편안해 책 읽을 때 좋다.
조명은 간접조명을 선호해서
거실용 플로어 램프를 주로 켜둔다.

플로리스트지만 수집가의 마음으로 화병을 모으지는 않았다. 외국에 나갔을 때도
화병이나 꽃가위 같은 플로리스트 쇼핑 목록은 없었고, 지나다가 마음에 드는 화병이 있으면
사오는 정도였다. 부족한 열정을 반성하는 한편, 관심사가 너무 전방위적이라서라고
스스로 위안한다. 그래도 한번 선택한 것은 소중히 다루는지라,
이중에는 플로리스트가 되기 전인 1990년대 초반에 구입한 것도 있다.

박정환 작가의 그림 'Peace', 그리고 몇 개의 심플한 화병들. 원목과 화이트가 집안의 주조색이지만
소품은 컬러감 있는 것을 골라 지루하지 않게 한다.

가장 최근에 구입한 색유리 화병들.

아마릴리스는 짧게 꽂는 것을 더 좋아한다.
사랑하는 독일 빈티지 녹색화병.

볼 때마다 웃음 짓게 만드는 심술궂은 곰인형과 유학시절 콘란숍에서 샀던 스테인리스 독서등.

남성적인 디자인이 마음에 들어 파리에서 들고 온 스페인 화세Fase 램프. 지인에게
원적외선 치료기냐는 소리를 듣고 절망했던 기억이…. 목재로 곡선을 그리는 다리 부분이 마음에 들었다.

거의 10년째 간절기에 입는 블라우스.
북유럽 풍의 편안한 패턴.

국내 디자이너의 작품으로 Chapter1에서 구입한
액세서리 트레이. 유니크한 디자인과 색감이 굿!

영국 빈티지 시장에서 구입한
손뜨개 레이스.

한잔의 티와 함께

영국에 사는 동안에는 커피보다 티를 훨씬 많이 마셨다.

이상하지만 영국에 도착하는 순간 커피보다 티가 맛있어진다.

축축하고 으슬으슬한 날씨에 머그잔 가득 티를 담고 우유를 살짝 부어 마시는,

그 맛 때문에라도 영국에 가고 싶어진다.

대부분의 영국인들은 컵받침 있는 우아한 티잔이 아닌 머그잔에 티를 마신다.

오후 3시에 티타임을 가져본다. 그들처럼 스콘과 잼도 준비했다.

피곤한 몸에 카페인을 보충하는 의미도 있지만,

천천히 티를 마시다보면 스르르 긴장이 풀어지며 편안해진다.

혼자 마시거나, 좋은 사람들과 마시거나, 티타임으로 여유를 갖는 시간이 우리에게 필요하다.

정통 애프터눈 티라면 준비할 것이 많지만,
친한 사람들과의 티타임은 스콘이나 비스킷 정도만
준비해도 좋다. 수다가 길어지고 분위기가 좋을 때는
냉장고에 있는 이것저것이 서서히 나오기 시작한다.

압화

은근 촌스러운 정서가 있어서 들꽃을 꺾어 책갈피에 꽂고는 했다. 구떼 정희언니와
스코틀랜드에 갔을 때는 못 보던 신기한 들꽃이 지천이어서, 여행책 갈피마다 꽃과 식물을 꽂아서
돌아왔다. 한동안 잊고 지냈는데 요즘 다시 압화가 유행인 듯하다. 들꽃 대신 꽃시장에서 사 온
작은 꽃들과 식물, 테라스 꽃으로 압화를 만들어보았다.
압화 과정은 너무 쉽다. 사각티슈나 화지, 두꺼운 책만 준비하면 된다. 책을 펴고 티슈 깔고
꽃을 모양 잡아 놓고 다시 티슈로 덮어준다. 티슈가 꽃의 수분을 천천히 날아가게 해서 색도 예쁘게 되고
책도 상하지 않는다. 책 위에 더 무거운 책을 올려두고 일주일 정도 지나면 잘 말라있다.
콜렉팅 노트에 붙이거나 선물용 카드, 달력, 장식용 액자 등을 만들 수 있다.
마른 후에는 꽃과 식물이 바스러지기 쉬워 작업할 때 아주 집중해야 한다.

1 이탈리아에서 샀던 빈티지 엽서 & 레이스 꽃 '아미'로 내가 만든 압화 엽서.

2 콜렉팅 노트는 종이 질감이 살짝 거친 것을 선택했다. 어쩐지 마른 꽃과 매끈한 종이는 안 어울리는 듯해서.

3 오래전 친구 기연에게 생일 선물로 받은 Pressed Plant 단행본. 백 년 전에 만든 압화 액자 등 미국압화의 아름다움을 볼 수 있다.

4 컬러 있는 마스킹 테이프를 좁게 잘라서 접착제 대신 사용했다. 꽃 이름을 써주면 한결 정감 있다.

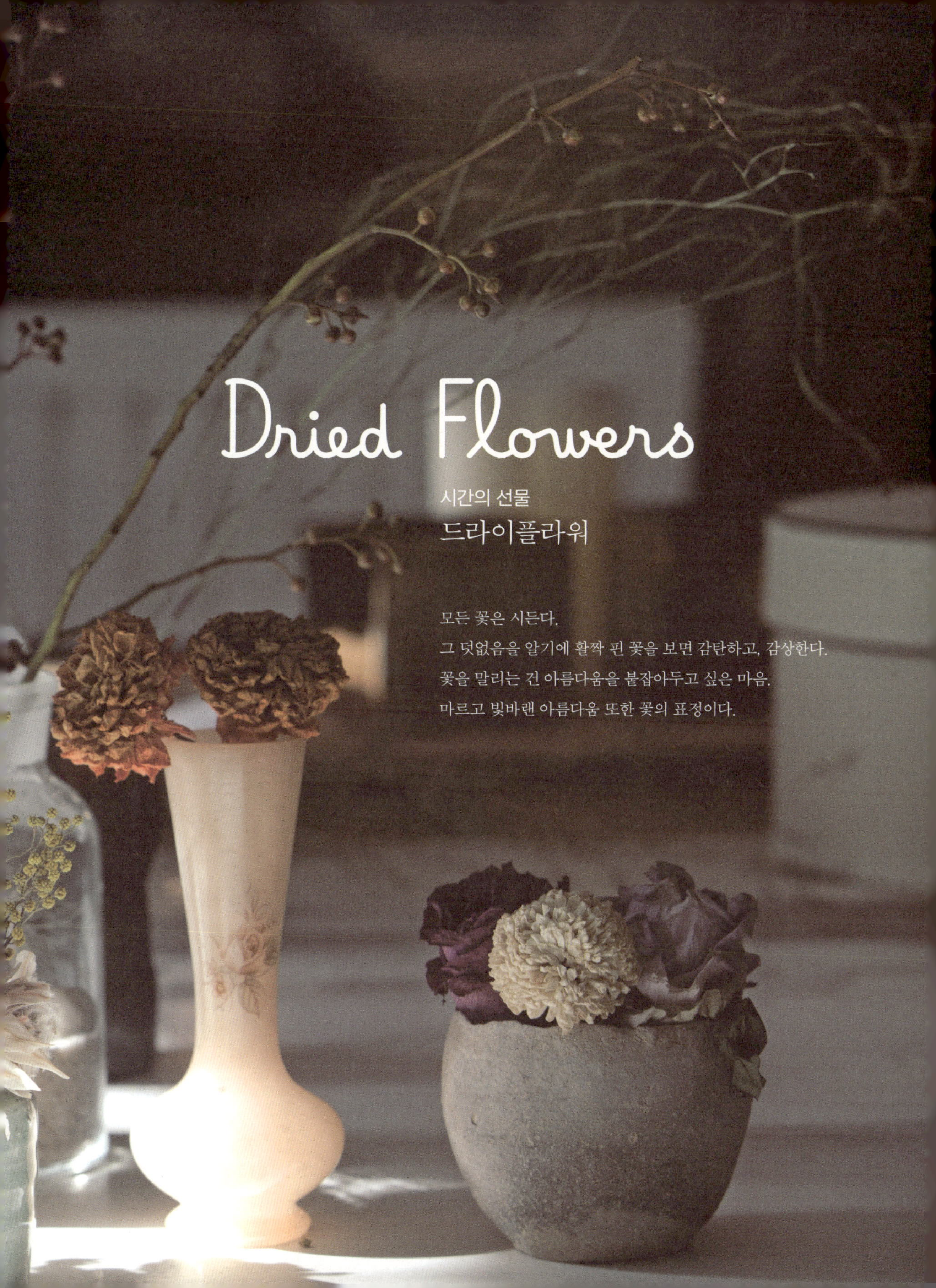

Dried Flowers

Dried Flower Wreath

말린꽃으로 만든 리스는 특히
가을이나 겨울에 두고 보기 좋다.
오아시스 리스 폼을 이용하면 손쉽게 만들 수 있지만,
바스라지기 쉬우므로 아주 세심히 다루어야 한다.
꽃과 꽃 사이 틈이 클 때는 수국, 열매류, 맨드라미 등
일부를 떼어서 사용할 수 있는 것으로 채워 준다.

바스켓이나 예쁜 컨테이너에 말린꽃을 담아본다. 그 자체로 디스플레이가 되지만 여기에 자연에서 추출한 에센스오일을 몇 방울 떨어뜨리면 포푸리Potpourri가 된다. 포푸리는 꽃잎, 향이 좋은 잎, 오렌지 등의 과일 껍질, 향료 등을 발효 건조시켜 만드는 향기 내는 소품이다. 드라이플라워에 천연 에센스오일을 떨어뜨리면 은은하게 발향되며 포푸리 역할을 한다.

드라이플라워 코르사주를 만들어두고 작은 선물을 할 때 곁들이면 좋다. 박스 안에 선물을 담고, 화지를 한 장 덮은 후 코르사주를 올린다. 또는 박스에 리본을 매고 코르사주를 얹어도 고급스럽다. 만들어두면 활용도 높은 아이템이다.

Wreath for
Eternal Love

영원한 사랑의 약속
리스

크리스마스 시즌이 되면 어디서나 쉽게
잎과 빨간 열매로 만들어진 크리스마스 리스를 보게 된다.
하지만 리스는 크리스마스 시즌의 전유물이 아니다.

계절감 있는 나무, 열매, 꽃, 과일 등을 이용하여 사계절 집 안팎을 장식할 수 있다.
아주 오랫동안 반지처럼 동그랗고, 두께가 균일한 리스 형태가 사랑받아 왔다.
하지만 요즘은 일정한 형태를 고집하지 않는 자유로운 리스가 세계적인 추세.
한쪽을 비워놓거나 좌우가 대칭되지 않은 것이 더 시크해보이기도 한다.

지난겨울에 만든 커다란 타원형 리스가 자연스럽게 말랐다.
봄을 기다리는 2월, 야외용 리스에 천리향 잎을 군데군데 넣어준다.
서리 내린 듯한 겨울 녹색에 봄의 녹색이 생기를 준다.
봄이 올 때까지만 걸어두기로 한다.

붉은 나뭇가지를 구부려 기본 틀을 만들고 그 위에 잎과 열매를 덧붙인 리스.
열매가 붙어있어 질감을 살려주는 시드 유칼립투스, 삐죽삐죽한 형태가 매력적인 그레빌리아로 멋을 내보았다.
그레빌리아는 앞뒤의 색이 달라 투톤으로 연출할 수 있다.

1 계절감은 리스 만들기의 중요한 요소다.

봄의 전령이랄 수 있는 산수유, 버들강아지, 곱슬 버들을 엮어 봄맞이 리스를 만들었다.

모든 요소를 섞어놓기보다 산수유와 버들강아지를 나누어 그루핑하면 더 보기 좋다.

2 나뭇가지, 잎사귀, 열매, 나무껍질 등 자연에서 나는 것은 무엇이든 리스에 활용할 수 있다.

겨울과 눈의 이미지를 표현한 북유럽풍 리스.

Lepul.
Sandwich, Panini, Petit meal,
Coffee, Tea Cake
We'll take your order inside.
Enjoy your meal and return your dish.
Do not here.
Wif. - olleh Giga wifi 99A3
P.W - 0000007243
sandwich
salad
cake
coffee

르플 테라스에서
플라워 수업

나의 위시리스트에 있던 야외 꽃수업.
블룸앤구떼의 자매브랜드인 '르플'의 소박한 테라스에서
꽃수업이 진행되었다. 르풀은 덕수궁 돌담길에서
정동교회 쪽으로 흐르는, 은행나무길에 위치한
샌드위치 카페. 이 길에 꼭 카페를 내고 싶다는
소망이 이루어져 2011년 오픈할 수 있었다.
블룸앤구떼가 가로수길에 있던 시절이다.

르풀이 세 들어 있는 신아기념관은 백년이 되어가는
붉은 벽돌 건물이다. 세월이 아로새겨진 기품 있는 이곳에서
정동길의 운치를 즐기며, 우리는 꽃과 함께 시간을 보냈다.
이런 시간을 자주 갖고 싶다.

자신이 좋아하는 것에 완벽하게
집중하는 시간은 명상과도 같다.
꽃수업을 할 때 가장 좋은 건,
가르치는 사람이나 배우는 사람이나 그 순간은
일상의 스트레스에서 벗어날 수 있다는 것.

나의 꽃수업에 와인색이 빠진 적 있던가? 와인색 꽃 중에서도
퐁퐁 다알리아는 특히 빼놓을 수가 없다.
동그랗고 완벽한 얼굴이 줄기에 깜찍하게 얹혀진 품종을
퐁퐁Pompom이라고 부르는데, 그중에서도 짙은 와인색을 가장 사랑한다.

동일한 재료를 받아도 꽂는 사람의 개성이 나타난다.
똑같은 위치에 똑같은 길이로 꽂는 방법을 가르치기는 싫다.
조금 어설퍼도 자신의 느낌을 담아 꽂고, 거기서 만족감을 얻는 것이 중요하다.
다른 사람 것과 비교하지 않기를 늘 강조한다.

수강생이 완성한 플라워 어레인지먼트. 정동길 풍경에 편안하게 어울리는 가을 센터피스다.
아룸릴리, 클레마티스, 다알리아, 맨드라미, 블루베리 장미와 소재로는 니콜 유칼립투스, 갈잎,
하이페리쿰, 스모크 트리를 사용했다.

Mini Bouquet

만 들 기

1 너무 짧아서 사용하지 못한 재료를 모아본다.

2 높낮이를 조절해가며 마음에 드는 형태를 만든다.

3 엄지와 검지로 움직이지 않게 잡고, 와이어로 묶는다.

4 스모크 트리 잎으로 줄기 끝부분을 감싼 후 양면테이프로 마무리.

Goûté

Cuisine

위로가 필요한 날, 베이킹

/

파 티 시 에 , 구 떼 조정희

BAKERY

Goûté Kitchen Story

따뜻한 풍경

구떼의 작업실

우연이라고 생각했던 일들이 시간이 지나고 보면 필연의 징조였음을 알게 된다.
막연히   꿈만   꾸던   외국생활이었다.

막상 회사를 그만두고 프랑스 남동쪽의 작은 마을 엑상프로방스Aix-en-Provence로 떠날 때도
파티시에가 되겠다는 생각은 없었다. 막연히 6개월간 시골 삶을 즐기고 싶었을 뿐이다.
작은 분수와 골목이 많은 그곳을 하릴없이 걸어 다녔다.
보석보다 더 예쁜 초콜릿 가게가 있고 지독하게 단 아몬드 과자 칼리송calisson이
이곳의 특산물이란 것을 알아가는 시간이었다.
마감 시간에 쫓기던 기자 시절에는 엄두도 낼 수 없었던 일도 벌였다.
화실을 찾아가 데생을 배우고, 동네 할머니들에겐 천 사이에 볼록하게 솜을 넣고 꿰매는
일종의 퀼트인 부띠를 배우고, 시크한 프랑스 여자에게 요리수업도 들었다.
관광객이 아니라 주민처럼 살고 싶었다.
기차를 타고 근교의 아를Arles, 아비뇽Avignon으로 쏘다녔다. 6개월이라고 못 박고 시작했던
외국생활은 파리로 거처를 옮겨 르 꼬르동 블루Le Cordon Bleu에 입학을 하는 것으로
계속되었다. 드디어 파티시에의 길로 들어선 것이다.

생각해보면 나를 파티시에로 이끌어 준 것이 이 도시다. 골목 안 파티스리 쇼윈도 앞에서
퀴 다무르Puits D'amour(사랑의 샘), 포레 누와Foret Noir(검은 숲)로 표현되는 케이크 이름에
눈이 휘둥그레지고, 매일 아침 시청 앞 노천시장에 나오는 갓 구워진 살구 타르트에 홀딱 빠지며
자연스럽게 파티시에를 떠올렸다. 나도 아름다운 케이크를 만들고 싶었다.
학교에서 파티시에 초급, 중급, 고급 과정을 끝내고 요리와 빵, 케이터링도 배웠다.
장 폴 에방Jean-Paul Hévin, 스토레Stohrer, 라 메종 드 쇼콜라La Maison Du Chocola, 라 뒤레Ladurée를 드나들며
파리지엔느들의 유난한 디저트 사랑에 동참했다.
파리에서 한국으로 돌아와 첫 작업실을 얻었다. 청담동 한적한 골목길에 있던 그곳은
주문 케이크를 만들고 레슨을 하기에 맞춤한 크기의 공간이었다.
2004년 카페 블룸앤구떼를 시작하면서부터 주방은 나의 작업실이자 실험실이 되었다.
그곳에서 새로운 레시피를 개발하고 엑상프로방스와 파리에서 느꼈던 것들을 케이크로,
디저트로 시도했다. 몇 가지는 실패하고 몇 가지는 성공하며 한 걸음씩 나아간 것 같다.
하루 종일 케이크를 만드는 일은 손이 저리고 다리가 아프지만 그럼에도 언제나 즐기면서 한다.
우리의 케이크가 '행복한 순간의 동반자이자 위로의 선물'이라는 확신이 있기 때문이다.

Paris Style Tarte

구떼가 만든 파리 스타일
타 르 트

파리 16구에 위치한 제라르 뮈로$^{Gérard Mulot}$의 파티스리에서 타르트를 본 순간,
아름답고 화려한 자태에 첫눈에 반하고 말았다. 맛도 보기 전에 말이다.
산딸기와 앵두로 한껏 멋을 낸 과일 타르트, 시크한 블랙의 초콜릿 타르트, 소복이 쌓인 눈처럼
청순한 순백의 머랭 타르트. 한참 넋을 놓고 바라보았다. 타르트를 만들 때 가장 중요한 것은
파이의 크러스트함이다. 입속에 넣었을 때 눅눅함이 있어도, 그렇다고 과하게 부서져도 안 된다.
적당하게 기분 좋은 바삭함. 이 비밀은 프랑스어로 '파트 브리제 슈크레$^{Pâte brisée sucrée}$'라고 부르는
타르트 반죽에 있다. 냉장고에서 갓 나온 버터, 설탕과 박력분의 비율, 반죽 시간 등
모든 것의 조화가 타르트의 맛을 결정짓는다.

TARTE AUX FRUITS

생과일 타르트

재 료

박력분 280g
무염버터 120g
설탕 40g
달걀 60g(중간 크기 1개)
소금 한 꼬집
크림치즈 100g
생크림 100g
슈거파우더 20g
제철 과일 적당량

1 오븐은 180℃로 예열한다.
2 달걀은 상온에 꺼내둔다.
3 미니 타르트 틀을 7~8개와 타르트 누름돌을 준비한다.

만 들 기

1 체에 내린 박력분, 설탕, 소금, 작게 자른 버터를 손바닥으로 비벼가며 섞는다.

2 반죽 가운데 우물을 파고 달걀을 넣은 뒤 가장자리의 반죽을 안으로 모아가며 섞는다.

3 반죽을 하나로 뭉쳐 랩으로 싼 후 1시간가량 냉장고에서 휴지시킨다. 작업대에 휴지시킨 반죽을 올리고 덧밀가루를 뿌린 뒤 밀대로 0.3cm 두께로 민다.

4 준비한 타르트 틀보다 1cm 가량 큰 링으로 반죽을 동그랗게 찍어 틀 속에 넣는다.

5 포크로 찔러 반죽에 숨구멍을 낸 뒤 유산지를 올리고 타르트 누름돌을 담아 타르트 바닥이 부풀어 오르지 않도록 한다. 그대로 180℃ 오븐에서 18~20분가량 굽는다. 오븐에서 꺼내 누름돌을 빼고 차게 식힌다.

6 핸드믹서를 이용해 크림치즈를 부드럽게 풀어준다.

7 생크림과 슈거파우더를 섞어 단단하게 휘핑한 뒤 크림치즈에 세 번 나눠서 넣어가며 골고루 섞는다.

8 차게 식혀둔 타르트 틀에 크림을 3/5 가량 채운다.

9 그 위에 제철 과일을 손질해 올리고 민트로 장식한다.

TARTE AUX NOIX

호두 타르트

1 오븐은 180℃로 예열한다.
2 18cm 타르트 틀과 타르트 누름돌을 준비한다.
3 버터와 달걀은 상온에 꺼내둔다.
4 호두는 180℃ 오븐에서 5분가량 굽는다.

재 료

무염버터 100g
설탕 90g
달걀 2개
호두 200g
타르트 반죽 250g
아몬드파우더 100g
슈거파우더 적당량

만 들 기

1 버터에 설탕을 넣고 핸드믹서로 부드럽게 만든 다음 달걀을 한 개씩 넣으면서 섞는다.

2 체에 내린 아몬드파우더를 넣고 핸드믹서를 저속으로 돌려 아몬드크림을 완성한다.

3 작업대에 타르트 반죽을 올리고 덧밀가루를 뿌린 뒤 0.3cm 두께, 타르트 틀보다 2cm 크게 밀대로 민다. 타르트 틀에 반죽을 넣고 포크로 찔러 숨구멍을 낸 뒤 유산지 깔고 그 위에 누름돌을 넉넉하게 놓는다.

4 180℃ 오븐에서 15분가량 굽는다. 오븐에서 꺼내 유산지와 누름돌을 빼고 차게 식힌다.

5 구운 타르트에 아몬드크림과 구운 호두를 버무려 담는다. 구운 호두를 조금 남겨 크림 위에 장식해도 좋다.

6 180℃ 오븐에서 35~40분, 갈색이 날 때까지 굽는다. 틀에서 빼 식힘망 위에 둔다. 타르트 가장자리에 슈거파우더를 뿌린다.

토종밤 타르트 TARTE AUX MARRONS

햇밤 수확이 시작되는
가을부터 겨울 끝까지
즐겨 만드는 고소하고 달콤한
밤 타르트.
진한 크림소스에 삶은 밤을
버무려 굽는다.

Always

Goûté Cake

언제나 그 자리에

구떼 케이크

심플하고 세련된 디자인, 부드러운 달콤함,
자연스러운 포장.
기쁜 날을 더욱 빛내주고 어려운 순간 힘이 되는

'조 금 특 별 한' 케 이 크.

무항생제 달걀, 국내산 유기농 밀가루,
NO 인공첨가물의 홈메이드 케이크.

블룸앤구떼의 시그니처 메뉴. 10년 넘게 그 자리를 지키는 조용하면서도 뒷심 있는 케이크다.
카페 오픈 당시 치즈 케이크는 뉴욕스타일의 리치하고 진한 케이크였다.
이 치즈 케이크에 변화를 주고 싶어 에스프레소, 캐러멜, 초콜릿 등 이것저것을 넣기도 빼기도
해보았지만 딱 10% 부족했다. 그러다 파리에서 디저트 플레이팅을 할 때 자주 사용했던
딸기소스가 떠올랐다. 딸기와 설탕을 조려서 만든 딸기소스를 치즈와 섞어
케이크를 구워보자는 순간의 아이디어로 만들어진 스트로베리 치즈 케이크는
남녀노소 누구나 좋아하는 블룸앤구떼의 대표 케이크가 되었다. 요즘에는 블루베리, 라즈베리,
크랜베리 등 다양한 베리 종류를 섞어서 변화를 준다.

스트로베리 치즈 케이크

1 오븐은 180℃로 예열한다.

2 18cm 원형 틀을 준비한다.

3 크림치즈는 1시간 전에 상온에 꺼내둔다.

만 들 기

1 냄비에 딸기소스 재료를 모두 넣고 중불에서 25~30분간 걸쭉하게 졸여 식힌다.

2 오레오를 비닐봉지에 담아 방망이로 잘게 부수거나 블렌더로 간다.

3 전자레인지에 30초 정도 돌려 녹인 버터를 부순 오레오와 섞고 원형 틀에 담아 편평하게 누른 다음 180℃ 오븐에서 5분 정도 구워 식힌다.

4 볼에 크림치즈를 담고 핸드믹서로 마요네즈처럼 부드러워질 때까지 풀어준다.

5 부드러워진 크림치즈에 설탕을 넣어 섞은 뒤 달걀흰자를 넣는다.

6 사워크림, 생크림, 옥수수 전분 순으로 넣어 알갱이가 생기지 않도록 풀고 식힌 딸기소스를 섞은 다음 ③의 케이크 틀에 붓는다.

7 오븐 팬에 따뜻한 물을 ⅓가량 채운 후 ⑥을 올리고 180℃ 오븐에서 45~50분 정도 굽는다.

8 오븐에서 꺼내 식힘망 위에서 차게 식힌 다음 작은 칼이나 얇은 팔레트로 틀과 케이크 사이를 한 바퀴 돌린 후 틀 위에 식힘망을 올리고 틀을 거꾸로 해서 케이크를 뺀다. 위아래가 반대로 되어 있는 케이크는 접시 혹은 케이크 판을 놓고 다시 뒤집으면 된다.

9 케이크 가장자리에 슈거파우더를 뿌리고 제철 과일로 장식한다.

밀 크레페

프랑스어로 1,000장의 겹이라는 뜻의 밀 크레페는
파티시에의 시간과 노력이 배로 많이 드는 케이크다.
투명할 정도로 얇게 구운 크레페와 생크림과 슈거파우더를 섞어
부드럽게 휘핑한 크렘 샹티Crème Chantilly를 켜켜이 쌓아 올리면 비로소 크레페 케이크가 완성된다.

MILLE CRÊPES

프랑스 부르타뉴 지방의 대표 음식이기도 한 크레페는
밀가루가 아닌 메밀가루로 구우면 갈레트Galette로 불리고,
속재료의 맛에 따라 달콤하면 슈크레Sucré, 짭조름하면 살레Salée라고 불린다.

'둥글게 말다'는 의미의 라틴어 crapa에서 유래된 크레페.

만 들 기

1 넉넉한 볼에 달걀을 넣고 거품기로 고루 풀어 준 후에 소금과 박력분을 체에 내려 섞는다.

2 반죽에 끈기가 생기도록 거품기로 5분가량 계속 저어준다.

3 식용유를 섞은 다음 우유를 조금씩 부어가며 거품기로 섞고 물도 같은 방법으로 섞는다. 완성한 반죽에 랩을 씌워 1시간 이상 휴지시킨다. 또는 냉장고에서 하룻밤 정도 재워도 된다. 굽기 전 반죽의 농도는 생크림 정도의 무게와 부피감이면 좋다.

4 헝겊이나 종이타월에 버터를 묻혀 팬에 바른다. 크레페를 굽는 중간중간 틈틈이 실시한다.

5 불을 세게 하고, 반죽을 한 국자 떠서 팬에 부은 뒤 한 바퀴 빠르게 돌린 다음 남은 반죽은 덜어낸다.

6 크레페에 기포가 살짝 생기면서 연한 갈색으로 익으면 얇은 칼이나 팔레트로 가장자리를 돌려
   크레페를 떼어낸다.

7 크레페를 뒤집어 구운 뒤 가장자리부터 바삭하게 노릇하게 익으면 크레페를 꺼낸다.

8 크레페가 식는 동안 생크림에 슈거파우더를 넣고 90%로 휘핑하여 크렘 샹티를 만든다.

9 21cm 무스 링을 놓고 크레페를 한 장 놓은 후 그 위에 크렘 샹티를 얇게 바른다. 다시 크레페를
   놓고 크렘 샹티를 바른다. 무스 링의 윗부분까지 올라오도록 반복하여 쌓아 올린다.

10 완성된 케이크를 냉장고에 6시간가량 넣어 굳힌 후 링을 빼고 윗면에 슈거파우더를 뿌린다.

갈레트 콩플레트

메밀가루를 사용한 고소한 맛과 건강한 색의 크레페를 프랑스에서는 갈레트라 부른다. 방금 구운 따뜻한 갈레트에 햄과 치즈, 달걀프라이를 올려 접은 갈레트 콩플레트는 한 끼 식사로도 충분히 든든한 메뉴다.

속 궁금한 갈레트

케이터링을 준비하거나 예쁜 상차림을 하고 싶을 때 만드는 갈레트. 모두가 어떤 맛일까 궁금해하는 미스터리한 메뉴다. 사과, 완숙 달걀, 오이를 잘게 썰어 레몬즙을 살짝 뿌린 후 마요네즈에 버무려 소로 넣었다. 누구나 좋아하며 슬쩍 레시피를 묻는다. 대나무 꼬지 대신 미나리 줄기를 살짝 데쳐 묶어도 산뜻하다. 크레페 반죽으로 만들어도 OK.

컵 크레페

말랑말랑한 봄기운이 느껴지는 디저트가 생각나는 날, 손쉽게 만드는 크레페를 이용한 파르페다. 투명한 유리컵에 크레페 한 장을 넣고 오렌지, 바나나, 딸기 등 과일을 넣는다. 메이플시럽이나 꿀을 뿌려 단맛을 더해도 좋다. 크렘 샹티를 올리거나 초콜릿시럽을 살짝 흘려도 어울린다.

당근 케이크

영국 켄트^{Kent}에 머물 때 티룸에서 먹었던 당근 케이크의 맛은 아직도 기억에 선명하다.

진하고 강한 당근 향과 어지러울 정도로 달았던 레몬아이싱.

영국의 카페나 티룸에 가면 쉽게 손이 가는 카운터 옆에 항상 심플한 빅토리아 케이크나

당근 케이크가 있다. 커다랗고 두툼하면서 별다른 장식도 없다.

어디서든 편하게 즐기는 것이 바로 영국의 케이크인 것 같다.

켄트에서 먹었던 당근 케이크를 떠올리며 우리만의 당근 케이크를 만들어 보았다.

몸에 좋은 해바라기씨유, 달콤한 제주 흙당근, 영양 가득한 호두를 넣어 만든

온 가족을 위한 데일리 케이크다.

ENGLISH CARROT CAKE

1 오븐은 180℃로 예열한다.

2 18cm 원형 틀을 준비한다.

당근시트 재 료

박력분 120g
베이킹파우더 2g
베이킹소다 2g
시나몬파우더 2g
달걀 1개
달걀노른자 1개
해바라기씨유 150g
설탕 150g
달걀흰자 2개
소금 한 꼬집
당근 간 것 100g
호두 간 것 30g

치즈크림 재 료

크림치즈 100g
생크림 20g
슈거파우더 50g
레몬주스 20g

만 들 기

1 박력분과 베이킹파우더, 베이킹소다, 시나몬파우더를 한데 섞어 체에 내린다.

2 볼에 해바라기씨유와 설탕을 넣고 저어주다가 달걀과 달걀노른자를 섞는다. 간 당근과 호두도 넣어 섞은 뒤 ①을 넣고 다시 섞는다.

3 달걀흰자는 거품기로 휘핑하다가 거품이 단단해지면 소금을 한 꼬집 넣고 마무리한 뒤 ②에 두 번 나누어 넣는다.

4 원형 틀 바닥과 옆면에 유산지를 깔고 반죽을 넣는다. 예열한 오븐에서 50분간 굽는다. 나무꽂이로 찔러보아 반죽이 묻어나지 않으면 다 익은 것이다.

5 구운 당근 시트는 틀에서 꺼내 식힘망 위에 뒤집어서 식힌다.

6 치즈크림 재료를 거품기로 부드러워질 때까지 휘핑해 치즈크림을 만든다.

7 식은 당근 시트를 가로 1.5~2cm 두께로 3등분한 뒤 시트 한 장을 놓고 치즈크림을 올려 스패출러로 얇게 펴 바른다. 남은 시트 두 장도 같은 방법으로 한다.

8 케이크 위에 말린 당근와 민트를 얹어 장식한다.

화분처럼 포장한 당근 케이크. 종이호일을 정사각형으로 자른 다음 케이크를 중앙에 놓고 감싼다. 유산지 2장을 정사각형으로 잘라 어슷하게 놓은 후 종이호일로 감싼 케이크를 다시 올리고 유산지로 모양을 잡은 후 연한 컬러의 라피아로 묶어 고정한다.

CLASSIC CHOCOLATE CAKE

클래식 초콜릿 케이크

요즘은 미국과 호주에서 많이 보이는
키가 큰 케이크가 유독 눈에 띈다.
다양한 색소를 이용해 화려하게 데코레이팅한
케이크들이다. 부드러운 수채화를 연상시키는
케이크가 있는가 하면 화려한 꽃장식을 하거나
마시멜로, 쿠키 등으로 대담한 디자인을 선보이는 것도
심심치 않게 보인다. 클래식 초콜릿 케이크는
두 개의 제누와즈를 구워서
쌓아 올린 것으로 특별한 기념일을 위한
주문 케이크로 만든다. 때론 코코아파우더,
말차, 백련초가루 등의 천연 색소를 넣어
제누와즈를 굽기도 하는데,
이들을 번갈아가며 한 장씩 레이어드하면
케이크를 잘랐을 때 단면이 화려해진다.

재 료

달걀 6개
설탕 200g
다크 초콜릿 200g
박력분 65g
코코아파우더 40g
베이킹파우더 5g
생크림 500g
슈거파우더 60g
레몬즙 1ts
초콜릿시럽 적당량
장식용 딸기 조금

만 들 기

1 박력분, 코코아파우더, 베이킹파우더를 섞어 체에 내리고 다크초콜릿은 볼에 넣고 중탕으로 녹인 후 미지근할 정도로 식힌다.

2 볼에 달걀과 설탕을 넣고 볼륨이 2배가 될 때까지 거품기로 휘핑한다.

3 녹인 초콜릿에 ②를 두세 번에 나누어 넣어준 다음 체에 내린 가루를 넣고 주걱으로 잘 섞는다.

4 준비한 틀 2개에 유산지를 깔고 반죽을 담은 뒤 예열한 오븐에서 25~30분간 굽는다. 구운 시트는 식힘망 위에 올려 차게 식힌 뒤 시트를 가로로 2등분해 총 4장의 시트로 만든다.

5 볼에 생크림과 슈거파우더를 넣고 얼음물 위에서 85% 휘핑한다.

6 케이크 회전판에 시트를 한 장 놓고 휘핑한 크림을 올려 회전판을 돌리며 팔레트로 위와 옆면을 매끈하게 한다. 그 위에 나머지 3장도 차례로 올리며 같은 방법으로 크림을 바른다.

7 회전판을 돌리면서 케이크 가장자리에 초콜릿시럽을 뿌려 모양을 내고 딸기로 장식한다.

DECORATION
WITH CRÈME CHANTILLY

생크림 케이크
초콜릿을 녹여 만든 폼 위에 휘핑한
생크림을 풍성하게 올린다.
크림 아래는 제누와즈가 있다.
생크림을 거품 낼 때 초콜릿과 어울리는
오렌지 리큐르를 한두 방울 넣어도 좋다.
나는 가끔 크림 사이에
딸기나 오렌지, 겨울엔 밤을 졸여 넣기도 한다.

생과일 시폰 케이크

시폰 케이크 장식법. 케이크를 회전판에 놓고
크렘 샹티를 올린 후 팔레트로 마무리한다.
케이크 윗면을 매끈하게 한 후 옆면을 정리한다.
짤주머니에 크렘 샹티를 넣어 접시와 케이크 사이에
동그랗게 일정한 모양으로 짠다.
윗면에도 크렘 샹티를 군데군데 짠 후
과일과 민트로 장식한다.
폭신한 시폰을 러블리하게 만들어준다.

미니 초콜릿 케이크

쉽고도 귀여운 미니 케이크 데코레이션 방법. 초콜릿 케이크를 만들어
그 위에 크렘 샹티를 자연스럽게 얹는다. 초콜릿시럽이나 캐러멜시럽으로 케이크에 한 줄 선을 그어
포인트를 준다. 가장 쉬운 블랙 앤 화이트 데코레이션.

페데리코의 티라미수

어느 해 늦여름 내가 런던에서 휴가를 보내고 있을 때였다.
집에서 여러 나라 친구들이 모이는 가벼운 파티가 있었다.
그 친구들 중 한 명이 이탈리아에서 온 페데리코였다. 그는 티라미수를 만들었다.
그의 어머니가 즐겨 만들어주었다는 '이탈리아식 간식 겸 후식'을 맛본 순간,
그 파티에 있던 여자들 모두가 탄성을 내질렀다. 마법처럼 만들어낸 디저트였다.
모두를 매료시킨 페데리코의 티라미수를 소개한다.

FEDERICO'S TIRAMISU

재 료

유기농 달걀 1개
설탕 20g
마스카포네치즈 80g
핑거레이디 쿠키 3개
에스프레소 혹은
진한 블랙커피 1잔
코코아파우더 적당량

만 들 기

1 에스프레소나 블랙커피를 준비해 차게 식힌다.

2 달걀흰자와 달걀노른자를 분리하고 달걀노른자에 설탕 15g 정도를 넣어 연한
  흰빛이 나면서 폭신한 느낌이 들 때까지 핸드믹서로 섞는다.

3 달걀흰자도 휘핑해 거품을 내다가 불투명한 흰색이 나오면 남은 설탕을 넣고
  단단한 거품이 될 때까지 섞는다.

4 ②에 마스카포네치즈를 넣고 고무주걱으로 살살 저어준 다음 휘핑한 달걀흰자
  를 두세 번 정도 나누어 섞는다. 이렇게 완성된 크림은 냉장고에 보관한다.

5 핑거레이디 쿠키를 커피에 적셔 접시에 2개를 놓는다. 그 위에 ④의 크림을 수
  저로 떠서 올린다. 같은 방법으로 그 위에 남은 쿠키를 올리고 크림도 올려 2층
  으로 만든다.

6 크림 위에 코코아파우더를 뿌린다.

CHOCOLATE MOUSSE CAKE

초콜릿 무스 케이크

찬바람이 불면 젤라틴이 들어가지 않는 초콜릿 무스 케이크를 준비한다.
초콜릿과 약간의 버터만으로 굳히는 달콤 쌉쌀한 무스 케이크는 온몸 가득 퍼져있는 나른함과
피곤함의 세포들을 힘차게 무찌른다. 얼그레이 티와 함께 즐겨먹는 오후 3시 30분의 케이크,
잠깐이지만 깊게 졸다 깬 것처럼 개운하게 만드는 보약 같은 디저트.

미니 돔 모양으로 작게 만든 초콜릿 무스 케이크. 요즘은 실리콘으로 만들어진
무스용 케이크 틀이 많이 선보인다. 블룸앤구떼의 초창기 초콜릿 무스 케이크 모양이기도 하다.

초콜릿과 가장 잘 어울리는 과일은 오렌지. 나는 오렌지를 아주 얇게 슬라이스해서 시럽에 절였다가 말린다.
한 번에 많이 만들어서 냉장고에 넣어두고 쓰면 요긴하다.

1　오븐은 180℃로 예열한다.

2　지름 18cm 원형 틀을 준비한다.

3　지름 18cm 무스 링을 준비한다.

제누와즈 만들기

1　볼에 달걀과 설탕을 넣어 섞은 뒤 보글보글 끓는 물 위에 올려 중탕시켜가며 핸드믹서로 섞는다. 달걀 온도가 따뜻해지면 끓는 물에서 내린다.

2　달걀에 볼륨감이 생기고 단단해질 때까지 계속 섞는다.

3　체에 내린 박력분을 넣고 주걱으로 살살 섞은 후 버터 10g을 녹여서 섞는다. 원형 틀 바닥과 옆면에 유산지를 대고 반죽을 넣은 후 바닥에 2~3번 내리쳐 기포를 없앤 다음 예열한 오븐에서 25~30분간 굽는다. 구운 시트는 뒤집어서 식힘망 위에서 식힌다.

4　식힌 시트는 1.5cm 정도 높이로 가로로 자른다.

초콜릿 크림 만 들 기

1 우유와 생크림 30g을 냄비에 넣고 끓인다.

2 부르르 끓어오르면 불에서 내려 초콜릿에 붓는다.

3 초콜릿이 녹으면 남은 버터 10g을 넣고 살살 저어준다.

4 생크림 120g을 80% 정도 단단하게 휘핑한다.

5 ③의 초콜릿이 살짝 따뜻한 온도일 때 휘핑한 생크림을 섞는다. 차가우면 서로
  분리된다.

초콜릿 무스 케이크 완 성 하 기

1 무스 링에 준비한 제누와즈를 넣는다. 링보다 제누와즈는 조금 작아야 한다. 제
  누와즈가 촉촉하도록 시럽을 바른다.

2 준비한 초콜릿 크림을 ⅓ 정도 붓는다.

3 초콜릿 크림 위에 남은 제누와즈를 올리고 링의 맨 윗면까지 크림을 채운 다음
  냉장고에 5시간 이상 두어 굳힌다. 링을 뺄 때는 토치로 링을 따뜻하게 하면 쉽
  게 뺄 수 있다. 초콜릿과 장식용 과일을 올려 장식한다.

크렘 브륄레

'불에 태운 크림'이란 뜻의 지극히 프랑스적인 디저트 크렘 브륄레는 영화 '아멜리에'에 등장하며
더욱 유명해졌다. 밀가루와 전분을 뺀 커스터드소스가 기본 베이스인데 이것을 낮은 온도의 오븐에서
중탕으로 구우면 부들부들한 푸딩처럼 부드러워진다. 이 위에 설탕을 뿌리고 토치torch로 태워
완성하기 때문에 '크렘 브륄레'란 이름이 붙은 것이다. 탄탄한 캐러멜 층을 티스푼으로 톡톡 치면
살얼음처럼 쉽게 깨어지고 그 아래 한없이 매끈하고 보드라운 크림이 숨어있다.
완벽하게 딱딱함과 부드러움을 함께 맛보며 즐길 수 있는 반전의 디저트다. 바닐라 빈 대신 시나몬을 넣거나
카르다몸, 아니스 등의 이국적인 향신료를 넣으면 오리엔탈풍의 크렘 브륄레가 된다.

CRÈME BRÛLÉE

재 료

생크림 300g
우유 60g
달걀노른자 3개
바닐라 빈 1/2개
설탕 60g

1 오븐은 160℃로 예열한다.
2 넓고 낮은 오븐용 내열용기 3~4개를 준비한다.

만 들 기

1 바닐라 빈 껍질에 칼집을 내어 씨와 껍질을 분리한다.

2 냄비에 생크림과 설탕 ½, 우유, 분리한 바닐라 빈 씨와 껍질을 넣고 설탕이 완
   전히 녹을 때까지 약불에서 끓인다.

3 볼에 달걀노른자와 남은 설탕을 넣고 거품기로 섞은 뒤 ②를 조금씩 넣어가며
   잘 섞는다.

4 ③을 냄비에 담아 중불에서 데우고 나무주걱에 크림이 살짝 묻어나면 불을 끈
   뒤 체에 한 번 내린다.

5 준비한 오븐 용기에 ④를 나누어 담은 뒤 오븐 팬에 올리고 따뜻한 물을 용기의
   절반 높이까지 붓는다.

6 예열한 오븐에 넣어 30분가량 굽는다. 용기를 흔들어보아 크림이 살짝 떨리는
   정도면 완성이다.

7 완전히 식은 크림 위에 설탕을 두껍지 않게 뿌린 다음 토치로 설탕이 갈색이 될
   때까지 태운다. 식으면 한 번 더 설탕을 뿌리고 토치로 태운다.

FRENCH CAKE
LOVER

프렌치 케이크

각기 다른 이유로 내가 좋아하는
프렌치 케이크 세 가지.
멋진 디자인의 초콜릿 케이크,
조리법이 과학적인 머랭 케이크 그리고
달콤한 과일 향의 무스 케이크.
언제나 기억 너머 향수를 건드리는 맛. Je t'aime!

Chocolate

초콜릿을 녹여서 유산지 위에 부어 그릇 모양을 만든다. 정형적인 초콜릿
몰드가 아니어서 자연스러운 주름이 생긴다.
그래서 멋있다. 그 위에 제누와즈와 휘핑크림, 딸기를 가득 올린 초콜릿 케이크.

Meringue

마치 구름을 쌓아 올린 것 같은 케이크.
달걀흰자를 계속 거품 내면서
끓는 시럽을 아주 조금씩 붓는다.
시럽 온도는 118℃. 흰자 거품에 힘이 생기
고 윤기가 돈다. 수많은 실패로
찾아낸 온도를 우리는 고맙게 쓰고 있다.

Mouss

젤라틴 양, 과일 퓌레와 생크림의 비율에 따라
무스 케이크의 식감과 단맛이 달라진다.
그래서 완벽한 밸런스의 무스 케이크를 만나기는
쉽지 않다. 와인색의 까막까치밥 열매 카시스로
만든 프로포즈 케이크.

타르트 타탄

베이킹 수업을 할 때 학생들이 꼽았던 베스트 레시피 중 하나.
사과, 버터, 시나몬조림으로 주방에 달달한 공기가 가득해져 먹기 전부터
기분이 행복해지는 디저트다. 반죽을 밀어 틀에 깔고 그 위에 필링을 얹어 굽는
보통의 타르트와는 정반대로 타르트 타탄은 사과를 버터와 설탕에 졸인 후
그 위에 반죽을 덮어 오븐에서 구워낸다.
타르트 반죽이 없으면 사과졸임만 만들어 떠먹어도 그만이다.
사과에 건포도, 크랜베리 등 말린 과일을 함께 졸여도 좋고, 아이스크림 또는 생크림을 곁들여 먹어도
잘 어울린다. 한겨울에 가장 뜨겁게 먹는 디저트, 맛은 다를 수 있지만 누가 만들어도
실패하지 않는 타르트 타탄을 즐겨보자.

TARTE TATIN

재 료

사과 3개
설탕 150g
무염버터 150g
시나몬파우더 3ts
타르트 반죽 200g

만 들 기

1 사과는 껍질을 벗기고, 씨를 뺀 뒤 4등분한다.

2 버터와 설탕, 시나몬파우더를 볼에 담고 비닐장갑을 낀 손으로 버무린다.

3 원형 틀에 사과를 동그랗게 돌려 담은 뒤 ②를 사이사이에 골고루 담는다.

4 틀 위에 알루미늄호일을 덮고 숨구멍을 낸 후 사과가 익을 때까지 중약불에서
30분간 졸인다.

5 타르트 반죽을 원형 틀의 지름보다 1cm 가량 넓게, 두께는 4~5mm로 두툼하게
민다.

6 타르트 반죽을 졸인 사과 위에 가지런히 덮는다.

7 예열한 오븐에 넣어 50분 정도, 윗면이 연한 갈색이 될 때까지 굽는다.

8 오븐에서 꺼내 원형 틀 위에 접시를 덮고 뒤집는다. 이때 시럽이 흘러 손이 데
일 수 있으니 조심한다.

It's Afternoon
Tea time
오후의 작은 즐거움
애프터눈 티타임

친구를 초대해 티를 즐기며 가볍고 소소한 이야기로 오후를 보내는
영국의 에프터눈 티타임. 그 시간을 블룸앤구떼로 옮겼다.
깨끗한 2단 트레이 위에 놓여진 젤리, 샌드위치, 스콘, 꽃모자를 씌운 듯
트레이 위의 앙증맞은 꽃장식. 부드러운 티와 함께 우아하게 즐기던
우리의 에프터눈 티 세트.

애프터눈 티 세트

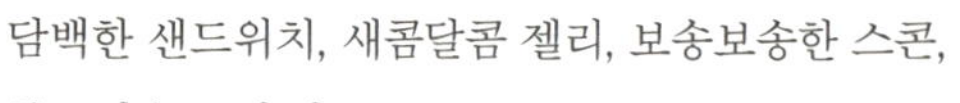

담백한 샌드위치, 새콤달콤 젤리, 보송보송한 스콘,
부드러운 크림 타르트.
우리의 애프터눈 티 세트를 만나보자.

재 료
딸기 10개
다크 초콜릿 100g

딸기 초콜릿 만 들 기

1 딸기는 꼭지를 떼지 말고 흐르는 물에 깨끗하게 씻어 물기를 말린다.

2 볼에 다크 초콜릿을 넣고 중탕으로 녹인다.

3 딸기를 녹인 초콜릿에 ⅔가량 넣었다가 뺀 뒤 굳힌다.

재 료
오이 2개
소금 조금
화이트와인 비네거 조금
식빵 4장
무염버터 적당량

오이 샌드위치 만 들 기

1 오이는 깨끗이 씻어 껍질을 살짝 벗기고 1~2mm 두께로 어슷 썬 다음 소금과
　화이트와인 비네거를 조금 뿌려둔다.

2 상온에서 부드러워진 버터를 식빵 단면에 펴 바르고 준비한 오이를 얹는다.

3 버터 바른 식빵으로 덮는다.

4 식빵 가장자리 두툼한 부분을 자른 뒤 먹기 좋은 크기로 썬다.

재 료
식빵 4장
무염버터 적당량
삶은 달걀 4개
마요네즈 6Tbs
소금 한 꼬집

달걀 샌드위치 만 들 기

1 달걀 껍질을 벗겨 볼에 담고 마요네즈와 소금을 넣은 뒤 포크로 곱게 으깬다.

2 상온에서 부드러워진 버터를 식빵 단면에 바르고 으깬 달걀을 얹는다.

3 버터 바른 식빵으로 덮는다.

4 식빵 가장자리 두툼한 부분을 자른 뒤 먹기 좋은 크기로 썬다.

재 료
딸기 퓨레 100g
설탕 10g
물 30g
젤라틴 90g

딸기 젤리 만 들 기

1 볼에 딸기 퓨레와 설탕, 물을 넣고 중탕으로 녹이거나 전자레인지에 데운다.

2 젤라틴은 찬물에 넣어 불린다.

3 따뜻해진 딸기 퓨레에 젤라틴을 꼭 짜서 넣고 골고루 섞는다.

4 작은 용기에 나누어 담고 냉장고에 넣어 1시간 정도 굳힌다.

재 료 (10개 분량)
박력분 200g
베이킹파우더 15g
설탕 60g
소금 2g
무염버터 60g
우유 120g
덧칠용 우유 조금

플레인 스콘 만 들 기

1 박력분과 베이킹파우더, 소금, 설탕을 섞어 체에 내린다.

2 버터를 작게 잘라 가루 재료와 손으로 비벼가며 섞는다.

3 ②에 우유를 넣고 살짝 섞는다.

4 반죽을 작업대에 올린 뒤 1.5cm 두께로 밀대로 민다.

5 지름 3~4cm 정도의 동그란 쿠키 틀로 찍는다.

6 오븐 팬에 쿠키 반죽을 올린 뒤 윗면에 붓으로 우유를 바른다.

7 210℃ 오븐에서 윗면이 갈색이 날 때까지 15분가량 굽는다.

My Favorite
fruit, Fig

마이 페이버릿 프루트,
무화과

8월에서 11월,

여름의 끝, 가을의 시작에 무화과가 온다. 사계절 내내 먹을 수 있는 과일이 아니다. 흔하지 않고
귀해서 더 소중하다. 무화과가 이 세상에 존재하기 시작한 것은 약 4천 년 전이며, 고대 이집트인
들이 신들에게 바쳤던 영물이기도 하다. 세련된 와인 빛깔, 탱탱하면서 유연한 질감, 작은 씨들을
품고 있는 무화과는 관능적이란 수식어가 붙는다.
딸기, 사과, 수박처럼 강한 맛을 내지는 않지만 꿀처럼 고급스러운 단맛을 지녔다. 무화과를 먹을
때면 건강한 순수의 맛을 느낀다. 무엇이든 그려 넣을 수 있는 도화지 같으면서도 어떤 요리에 함
께해도 꼭 자신만의 향미를 표출한다.

이른 아침 무화과와 요거트, 치즈를 먹는 순간은 온 전 히 내 몸을 위한 시간이다.

친구들과 함께 손바닥만 한 빵에 무화과를 얹어 먹다 보면 빵은 늘 모자라고,
투명하리만큼 얇은 하몽과 함께 한 무화과 샐러드에 카바 한잔 곁들이는 여름밤은 늘 화려하다.
농익은 무화과로 잼을 졸이고, 오븐에 구워 말리면 어느새 한 해가 저문다.

크림치즈에 요거트를 넣어
부드럽게 휘핑. 무화과와 함께 먹는
Healthy Breakfast.

무화과 샐러드에 즐겨 사용하는 짭짤한 하몽, 아삭한 버터레터스, 프리세. 싱그러운 늦여름 샐러드 완성.

무화과, 에멘탈 치즈, 비타민이 들어간 순하고 건강한 맛의 크루아상 샌드위치.

겉은 살짝 탄 듯 속은 말랑하게 손바닥만 한 피자빵을 구웠다. 그 위에 싱싱한 무화과와 꿀,
파마산 치즈 토핑. 멈출 수 없는 달콤함.

전라남도 영암에서 수확한 무화과. 잼을 만들려고
마스코바도 설탕에 버무린 무화과를
오븐팬에 놓고 160℃ 오븐에서 1시간 구웠다.
꼬들꼬들하고 쫀득하고 달콤하다.

무화과에 마스코바도 설탕을 버무려 설탕이 녹기를
기다린다. 잠시 두었다가 잼을 만든다. 무화과잼의 별미는
역시 입안에서 터지는 아삭한 씨.

Goûté's Place
나만의 공간

나는 오래된 아파트에 산다. 하얀 목련꽃이 봄을, 요란한 매미 소리가 여름을,
노란 은행잎이 가을을 알려주는 동네다. 밤이면 심각한 주차난을 겪는
그런저런 아파트에서 6년째 살고 있다. 내가 사는 집은 깨끗하게 정돈이 되어있지도 않고
(정리를 하긴 한다. 그런데 3일 정도 지나면 또 어지러워진다) 클래식이나 모던, 캐주얼이라는
분명한 콘셉트도 없다. 단지 흰색 벽지를 바르고, 흰색 페인트칠을 한 스케치북 같은 공간을
내가 좋아하는 것으로 채웠을 뿐이다. 키 높은 가구나 매끈한 것, 반짝거리고 세트인 것은 없다.
조금씩 다른 것들이 자유롭게 있다. 12년 전 목공소에서 맞춘 낮은 침대와
책상 겸 식탁, 허리까지 오는 낮은 책장 4개, 눕기에 맞춤인 소파와
소박한 북유럽 스타일의 사이드 테이블과 디자인이 다른 의자들. 거기에 큰맘 먹고 장만한

1960년대 빈티지 조명들, 창 길이보다 한 뼘쯤 긴 가슬가슬한 화이트 린넨 커튼,

하나씩 모은 그림과 초록 화분들… 부드럽고 따뜻한 공간에서 살고 싶어서

고른 집기들이다. 이렇게 지내다가 어느 날 가구 배치를 바꿔본다.

침대 헤드가 창가이었던 것을 90도 회전해 벽으로 옮기거나 소파와 식탁 위치를 바꾸기도 한다.

책장을 식기장으로 바꿔 써보기도 한다. 화분의 위치, 그림의 위치도 바꾼다.

사이드 테이블은 거실과 침실로 몇 번이나 이사를 했는지 모른다.

같은 가구라도 다른 공간으로 옮기면 또 신선하다.

오늘 사진 속 모습은 몇 달 후면 또 달라질 것이다. 진득하지 못한 내 성격 덕분에 늘 새집에서 산다.

낮에는 환한 햇살, 밤에는 은은한 불빛으로 편안한 공간이다.
몇 달 전만 해도 소파가 있었던 공간이다.
이렇게 가구 배치를 바꿨더니 거실이 서재가 되었다.

내가 좋아하는 코쿤cocoon 등은 1960년대 이탈리아 디자이너
아킬레 카스티글리오니Achille Castiglioni의 것이다.
불을 켜는 순간 침실은 반투명한 코쿤 사이로 내비치는 노란 불빛에
부드러운 공기로 가득해진다. 그래서 자꾸 게으르게 만든다.

차분하게 가라앉은 올리브그린 컬러,
반원형 등받이가 맘에 들어 구입한 식탁의자.

프랑스에서 공부할 때부터 사용한 닭 모양 타이머.

1 여유 있는 날의 아침. 커피와 과일, 빵. 석쇠에 빵도 굽고 아보카도도 굽는다.

2 20년 전 프랑스에서 사온 양철로 만든 장식품. 늘 미소 짓게 하는 행운의 천사.

3 책들이 쌓여있고, 커피가 있고 따뜻한 조명. 마음에 위안을 주는 내가 좋아하는 것들.

MEMORIAL SOUVENIRS

행복한 수집

에스프레소 잔, 티스푼과 포크, 마그네틱… 여행갈 때마다 기념품처럼 하나씩 사서 모은
주방 잡화들이다. 선이 예뻐서, 프린트에 홀딱 빠져서, 컬러가 맘에 들어서,
내가 사야만 하는 이유를 마구 만들어내면서 샀다.
이렇게 매일 내가 커피를 마실 때, 과일과 아이스크림을 먹을 때 기쁘게 사용하고
냉장고를 볼 때마다 즐거우니 행복한 거 아닌가. 게다가 추억까지 있으니.

MADE IN FRANCE
PA RI S
SAN DIEGO
CALIFORNIA
LAS VEGAS
HEIDELBERG
TAIPEI 101
The Unique Beauty of ... GREECE

MY APRONS

나의 작업복, 앞치마

오래 입어 살짝 회색을 푼 듯 색 바랜
뒤태가 아름다운 초콜릿색 앞치마.

'삶이   지루하거든   앞 치 마 를   입으세요'

이해인 수녀님의 시 '앞치마를 입으세요'의 첫 문장이다.
매장에서도 집에서도 앞치마를 두르는 순간, 유쾌하고 즐거워진다.
수녀님 시처럼 '조금 더 기쁘게' 움직일 수 있을 것 같다.
아주 살짝만 톡톡한 면, 촉감 좋은 린넨… 이렇듯 천이 좋아서,
오트밀 컬러가 편해 보여서, 골격이 다른 스트라이프에 반해서… 매번 다른 이유다.
그렇게 천을 끊어 앞치마를 맞춘다.
오래 입어 색 바랜 화이트셔츠엔 푸른색 천을 이어 앞치마로 리폼하고,
헐렁한 흰색 원피스나 가슬한 린넨 랩스커트도 나만의 앞치마가 된다.

평범하던 앞치마를 이렇게 목과 허리끈이 엑스자로 ○○○ 어본다.
프렌치 느낌이 난다고 한다. 난 새 앞치마가 생긴 것○○○

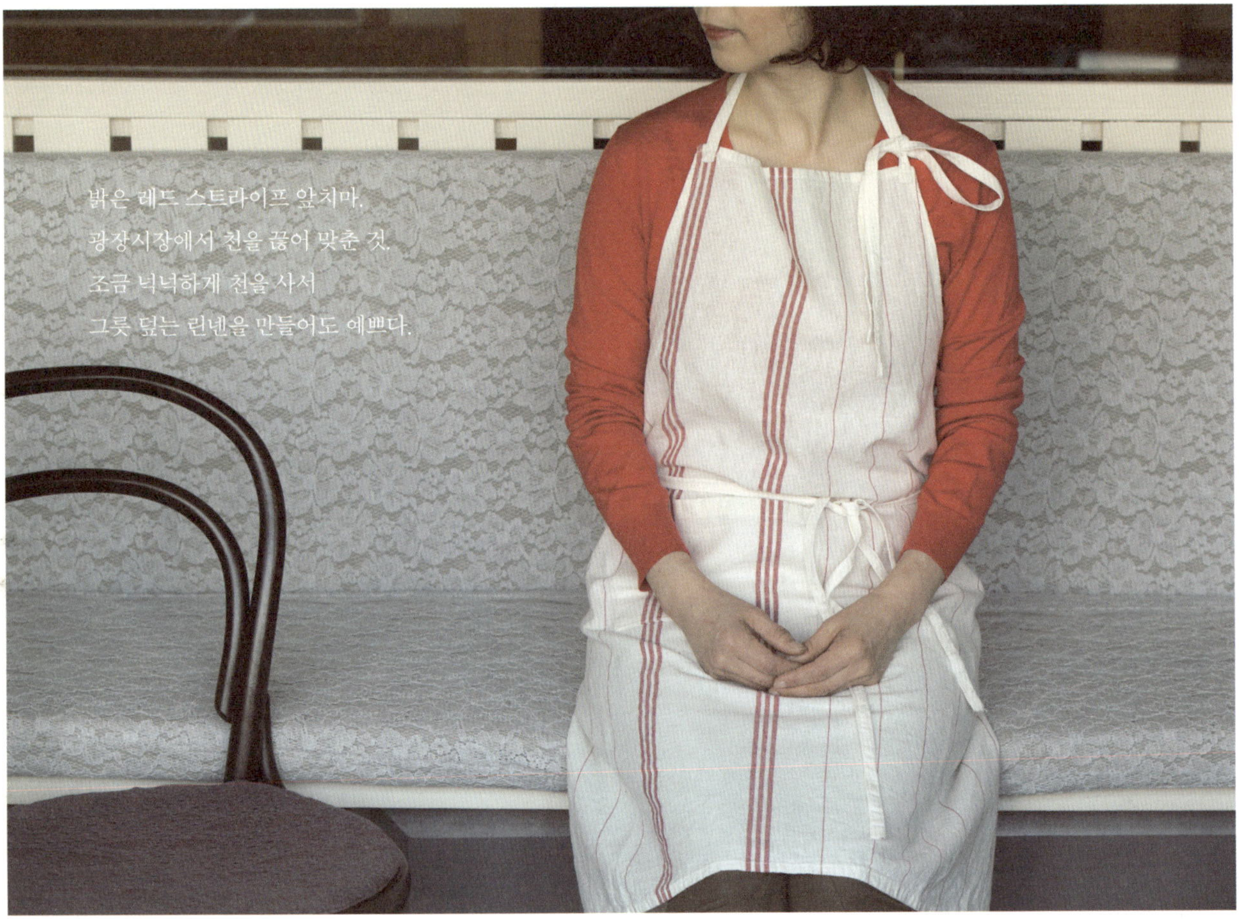

밝은 레드 스트라이프 앞치마.
광장시장에서 천을 끊어 맞춘 것.
조금 넉넉하게 천을 사서
그릇 덮는 린넨을 만들어도 예쁘다.

원피스 앞치마

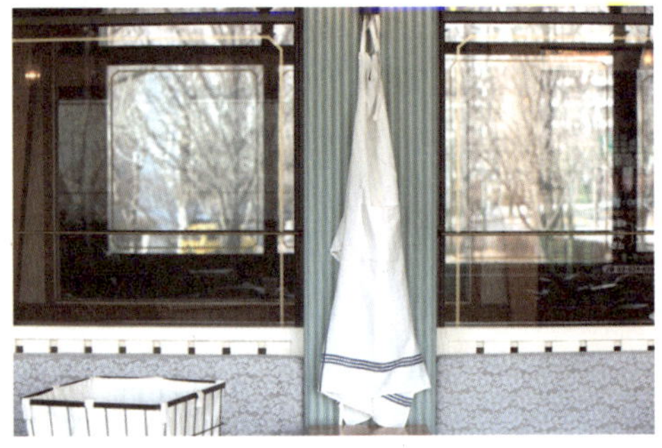

내가 가장 좋아하는 앞치마. 소재는 이탈리아산 린넨이다. 오프 화이트에 연한 블루라인이 세련되어 보이고 어떤 옷에도 잘 어울리는 앞치마다.

잘 입지 않는 화이트셔츠를 리폼해 만든 앞치마. 허리에 맵시 있게 천을 덧대 디자이너 원피스처럼 만들었다. 어머, 어디서 샀어요? 라는 말을 종종 듣는 앞치마.

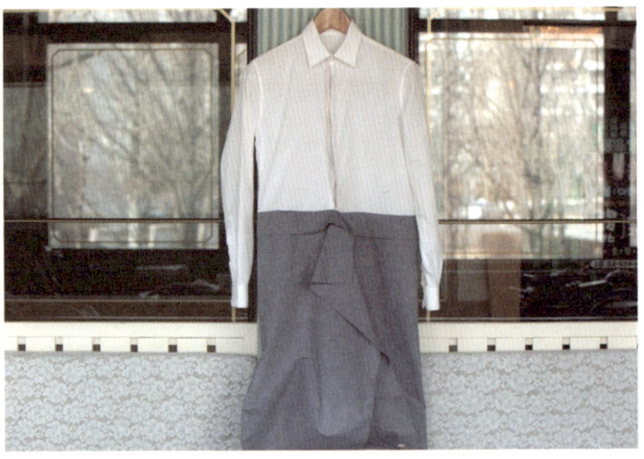

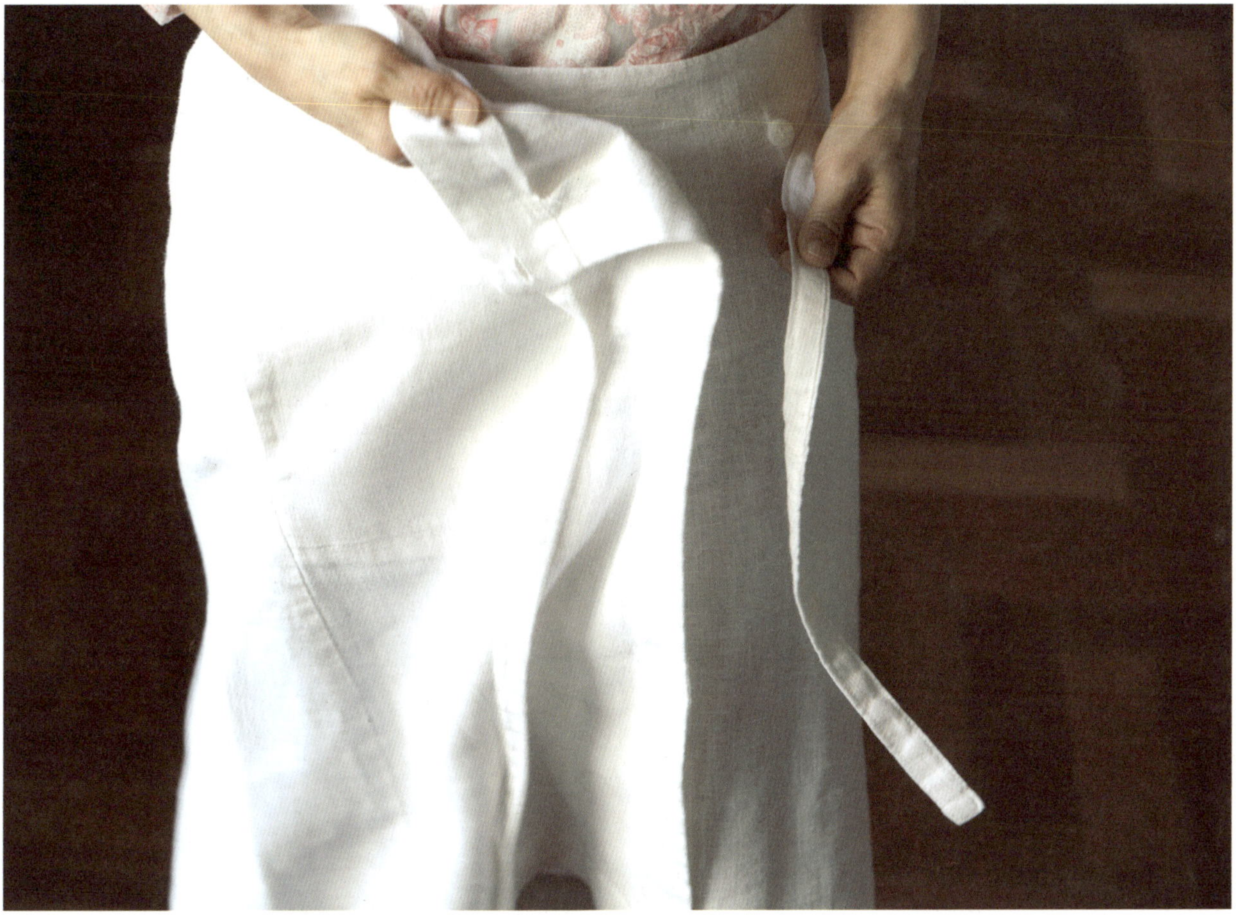

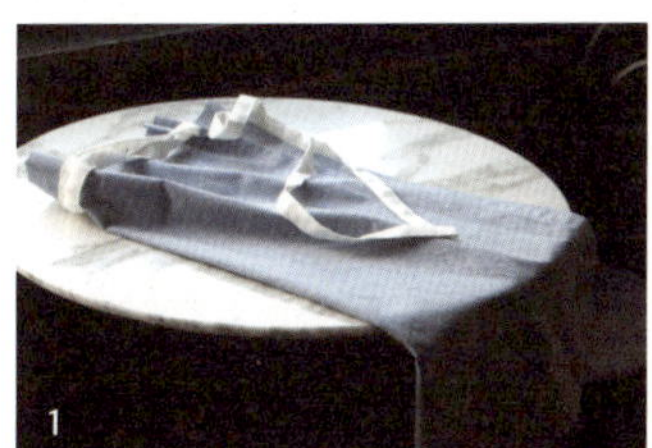

허리 앞치마

깨끗하게 빨아 탁탁 털어 말린 깔끔한 앞치마.
앞치마를 입는 순간 기분까지 개운하고 맑아진다.

1 천이 얇아서 여름에 주로 입게 되는 허리 원피스. 강남 고속버스터미널 상
  가에서 천을 끊어 맞춘 것. 허리끈은 흰색으로 포인트.

2 홍대 앞 aA 뮤지엄에서 구입한 허리 앞치마. 마치 추상화인 듯 겨자색 선
  이 멋스러운 앞치마. 커다란 주머니가 실용적.

3 처음 블룸앤구떼 매장에서 사용한 것과 비슷한 짙은 밤색 짧은 앞치마.
  간편하고 쉽게 입고 벗을 수 있다. 길이가 짧으니 발걸음도 경쾌해진다.

ENJOY READING COOKBOOK

즐거운 요리책 읽기

책장에 꽤 많은 요리책들이 있다. 마치 사진집을 보듯이 한 장 한 장 천천히 들여다보는
요리책이 있는가 하면, 흥미진진한 추리소설처럼 단숨에 읽히는 책도 있다.
이미 고전으로 자리매김한 책, 저자의 해박한 지식에 매번 놀라는 책,
숨어있는 요리 고수들의 맛집을 찾아내어 소개하는 책.
이들 가운데 꺼내어 읽을 때마다 신선한 자극을 주는 책들을 모았다.

1 요리사 야오^{Yao}가 쓴 태국 치앙마이의 베지테리언 요리책. 그곳에 사는 사람들의 생활과 인물 사진이 인상적이다.

2 몇 해 전부터 런던의 핫 플레이스로 꾸준히 소개되고 있는 레스토랑 오토렝기^{Ottolenghi}의 요리책. 동서양을 넘나드는 다양한 식재료의 조합, 화려한 컬러의 디저트가 멋지다.

3 일본 무크지 〈아르네^{Arne}〉. 얇은 두께, 핸드폰으로 찍은 듯한 힘 뺀 사진, 특색 있는 일러스트. 멋진 편집이 돋보이는 책.

4 사진가 겸 일러스트레이터 토드 셀비^{Todd Selby}가 세계에 있는 독특하고 개성 넘치는 식당과 베이커리, 티숍을 소개한 책. 다양한 인물들, 위트 넘치는 일러스트가 가득하다.

5 알랑 뒤카스^{Alain Ducasse} 디저트 백과사전. 자세한 설명과 사진이 있다. 프랑스 요리의 거장다운 품격 있는 근사한 디저트 책.

6 공대 출신 음식평론가 이용재의 책이다. 무심코 읽기 시작했다가 그의 깊고 해박한 지식에 놀라게 된 책. 외식의 품격이 세 계단쯤 올라간다.

7 레지옹 도뇌르 훈장을 받은 오귀스트 에스코피에^{Auguste Escoffier}가 쓴 〈나의 프랑스 요리〉와 〈나의 프랑스 디저트〉 번역본이다. 프랑스 요리와 디저트 레시피의 집대성.

8 세계를 돌며 음식을 탐험하는 영국 요리사 릭 스타인^{Rick Stain}의 인도 요리책. 영국 콘월에 그의 요리학교와 식당이 있다.

9 르 꼬르동 블루^{Le Cordon Bleu} 레시피북. 학교 수업이 끝나고 집에서 레시피 정리를 다시 했다. 어울리는 노트를 골라 다시 쓰고 인화한 요리 사진도 붙였다. 마치 나만의 요리책을 만들 듯이.

10 파리에서 스타주가 끝나던 날 받은 선물. 피에르에르메^{Pierre Herme}의 라루스^{Larousse} 디저트 백과사전.

내 손으로 만드는
선물 요리

누구에겐가 받은 진실한 고마움에 답을 하고 싶어 선물을 고른다. 낯설지 않으면서 생활에 즐거움을 주는 먹거리 선물. 부담스럽지 않아서, 받으면 입가에 미소가 피어나는 예쁘고 맛있는 선물 몇 가지를 소개한다.

HERBS & DRIED FRUITS CHOCOLATES

허브 & 말린 과일 초콜릿

쌉쌀한 초콜릿에 말랑말랑하거나 까슬한 식감이 더해져
드라이플라워처럼 고운 초콜릿 선물.

화이트 초콜릿 250g, 다크 초콜릿 250g을 각각 중탕으로 녹여
실리콘 몰드에 붓는다. 그 위에 오가닉 허브티와 말린 블루베리,
말린 크랜베리, 말린 오렌지를 얹는다. 그대로 냉장고에 넣어
30분에서 1시간가량 굳힌다. 다 굳으면 실리콘을 뒤집어 초콜릿을 뺀다.

다른 방법도 있다. 지름 18cm의 틀에 랩을 씌우고 중탕으로 녹인
다크 초콜릿을 붓는다. 아몬드, 피스타치오, 호두, 말린 무화과 등을
초콜릿 위에 올려 냉장고에서 굳힌다. 커다란 초콜릿을 터프하게 잘라
유산지나 포장지로 감싼 다음 겉면에 초콜릿 중량을 적는다.

로즈메리 올리브오일

샐러드와 파스타에 자연스럽게 사용할 수 있는
활용도 많은 오일. '요리 좀 하는' 이들이 주방에
하나쯤 있었으면 하는, 꽤 쓸모 있는 선물이다.
프레시 로즈메리 한 줄기를 흐르는 물에 깨끗하게 씻어
물기가 남아있지 않도록 완벽하게 건조한다.
그래야 박테리아가 생기기 않는다.
오일을 담을 병을 준비해 뜨거운 물로
열탕 소독해 말린다. 깨끗한 냄비에 올리브오일 2컵을
넣는다. 로즈메리는 향이 더 진해지도록 수저로 잎을
꾹꾹 누른다. 로즈메리를 올리브오일 냄비에
넣고 약불로 오일이 따뜻해질 때까지만 데운다.
미지근해지면 불을 끈다. 냄비에서 로즈메리를 꺼내
준비한 병에 넣고 오일도 따른다. 오일이 완전히 식으면
뚜껑을 닫아 시원하고 어두운 곳에서 1주일 정도 숙성시킨다.

유기농 잼

매년 귤철이 되면 제주 귤농장에서 크기가 고르지 않고
모양이 반지르르하지 않은 못생긴 유기농 귤을 받는다.
그리고 잼을 만든다. 향긋한 귤 내음이 나는
새콤달콤한 잼은 담백한 스콘이나 빵과 잘 어울린다.
귤이 도착하면 카페 직원들과 맛을 보고 당도에 따라
설탕량을 조절한다. 보통은 1 : 0.8의 비율이다.
껍질을 깐 귤의 무게가 1kg이면 설탕은 800g 정도 되는 셈.
귤을 듬성하게 자른 후 설탕과 레몬1Tbs을 넣고 1시간가량 재운다.
설탕이 귤 사이로 녹을 즈음 바닥이 조금 두꺼운 냄비에
보글보글 끓인다. 윗면에 생기는 거품은 거둬낸다.
20분가량 끓이다가 불을 끄고 접시에 잼 한 숟가락을 덜어
냉장고에 넣는다. 잼이 식었을 때 손가락으로 눌러보아
주름이 생기면 완성. 잼이 완성되면
열탕 소독한 용기에 따뜻한 잼을 넣고 뚜껑을 닫는다.

청귤청 & 자몽청

달콤한 차 한 잔이 생각날 때 누군가 보내준 청이 귀하게 쓰인다.
게다가 컵에 담긴 모습도 아름다운 향기로운 선물.

재 료
청귤 1kg
자몽 1kg
설탕 2kg

만 들 기

1 물과 베이킹소다를 10 : 1의 비율로 섞고 청귤을 15분 정도 담가둔다.

2 ①의 청귤을 흐르는 물에 깨끗하게 씻고 물기를 없앤다.

3 청귤을 칼이나 채칼로 슬라이스한 다음 씨를 모두 없앤다.

4 청귤과 설탕을 1:1 비율로 섞어 버무린 다음 24시간 실온에서 숙성시킨다.

5 뜨거운 물로 열탕 소독해서 살균한 용기에 ④를 담고 5일 정도 어둡고 시원한 곳에서 숙성시킨 후 사용한다. 자몽도 같은 방법으로 만든다.

CHOCOLATE COCONUT COOKIES

초콜릿 코코넛 쿠키

참 만만한 선물이다. 그리고 만만하게 먹을 수 있어 누구나 좋아한다.
크리스마스, 밸런타인데이, 초콜릿이 필요한 모든 순간에 빛나는 선물.

재 료

쿠키 15개 분량
박력분 180g
슈거파우더 90g
소금 한 꼬집
무염버터 120g
달걀 1개
물 15g
다진 다크 초콜릿 90g
코코넛가루 25g
코코넛슬라이스 25g

만 들 기

1 박력분, 슈거파우더, 소금을 한데 섞어 체에 내린다.

2 버터를 주사위 모양으로 작게 자른 다음 가루 재료에 넣고 손으로 살살 비벼가며 보슬보슬하게 섞는다.

3 달걀과 물을 섞어 ②에 넣고 반죽한다.

4 반죽에 초콜릿과 코코넛가루, 코코넛슬라이스를 넣고 섞는다.

5 반죽을 40g씩 나누어 동그랗게 모양을 잡아 오븐 팬 위에 올린다.

6 숟가락으로 빗살무늬를 낸 뒤 오븐에 넣어 갈색이 나도록 12~15분 정도 굽는다. 다 구운 쿠키는 식힘망 위에 올려 식힌다.

버터를 태워 만드는 피낭시에는 구움 과자 중 가장 고급스런 선물이다.
심지어 모양도 골드바Gold Bar처럼 생겨 이름도 피낭시에다.

피낭시에

1 오븐은 170℃로 예열한다.

2 피낭시에 틀을 준비한다.

3 달걀과 버터는 상온에 꺼내둔다.

만 들 기

1 냄비에 버터를 넣고 약불에서 갈색이 날 때까지 끓인다. 거품이 올라오고, 냄비 표면에 갈색의 막이 생기고 버터 타는 냄새가 나면 불을 끈다.

2 버터 거품을 거두어내고 그대로 잠시 식힌다. 버터가 너무 뜨거우면 달걀흰자가 익기 때문이다.

3 박력분과 아몬드파우더, 베이킹파우더, 소금을 섞은 뒤 체에 내린다. 달걀흰자를 조금씩 부어가며 저어준다.

4 ③에 녹인 버터를 조금씩 부어가며 저어준다.

5 반죽을 짤주머니에 넣어 피낭시에 틀에 짜고 피스타치오 가루를 뿌린다.

6 170℃로 예열한 오븐에서 15분가량 구운 뒤 식힘망에 올려 식힌다.

French Style
Brunch
여유로운 오후,
프렌치 스타일 브런치

건강하고 신선한 재료, 오랜 시간 공들여 만드는 소스, 비율 좋은 드레싱으로 완성되는
샐러드, 샌드위치, 라쟈냐…. 균형 잡힌 맛과 입안에서의 조화로운 식감, 매력 있는 담음새.
철저하게 계산된 자연스러운 한 접시.

키쉬 로렌

프랑스에서는 키쉬를 타르트 살레Tarte Salée(식사용 짭짤한 타르트)라고 멋스럽게 부른다.
키쉬는 식사용 파이로 속 충전물에 따라 종류가 수십 가지다.
새우, 아스파라거스, 비트, 브로콜리, 껍질콩, 잘 익은 토마토, 아티초크, 연어,
블랙올리브 등 제철 재료로 다양하고 화려하게 만들 수 있다.
그중 프랑스에서 가장 대중적인 키쉬는 달걀과 생크림, 베이컨에 그뤼에르치즈를 듬뿍 넣어
만드는 키쉬 로렌이다. 부담스러울 정도로 진한 맛의 정통 키쉬 로렌을
감자, 양파, 버섯을 듬뿍 넣어 만들어 보았다. 유쾌하게 먹을 수 있는 크리미한 키쉬로렌이다.

키쉬 로렌 만 들 기

1 작업대에 덧밀가루를 뿌린 후 타르트 반죽을 올리고 0.3cm 두께로 민다.

2 원형 틀에 반죽을 넣고 옆면을 붙인 후 남은 반죽은 밀대로 밀어 떼어낸다. 반죽에 포크로 숨구멍을 낸 후 유산지를 깔고 콩을 얹어 180℃ 오븐에서 15분 정도 굽는다. 오븐에서 꺼내 유산지와 콩을 꺼내고 5분 정도 더 구워 수분을 날린다.

3 양파는 반으로 자른 후 결대로 채 치고, 느타리버섯은 밑동을 떼어내고 손으로 길게 찢는다. 새송이버섯도 느타리버섯 크기에 맞춰 길게 썬다.

4 감자도 채 친 후 찬물에 담가 녹말기를 없앤다. 소금 한 꼬집 넣은 물에 넣어 데친다. 감자가 살캉살캉하게 익으면 체에 밭쳐 물기를 뺀다.

5 팬에 식용유를 조금 두르고 양파가 투명해질 때까지 볶는다. 버섯도 볶는다. 각각 살짝 소금으로 간한다.

6 베이컨도 썰어 바싹 볶은 후 체에 밭쳐 기름은 버리고 감자, 양파, 버섯과 섞는다.

7 분량의 소스 재료에 그뤼에르치즈를 ½만 넣고 섞는다.

8 키쉬 틀에 볶은 재료들을 섞어 ⅓ 정도 담고 소스를 조금 뿌린다.

9 남은 재료에 소스를 넣어 버무린 뒤 틀에 소복하게 올린다. 맨 위에 남은 그뤼에르치즈를 뿌린다.

10 190℃ 오븐에서 45~50분가량 윗면에 갈색이 날 때까지 굽는다.

라자냐

고기와 채소를 듬뿍 넣고 오랜 시간 푹 끓여 깊고 묵직한 맛이 우러나는
라구볼로네제와 고소한 베사멜소스, 적당량의 모차렐라치즈와 파마산치즈가 어우러져
풍부하고 진한 맛을 이루는 우리만의 라자냐를 소개한다.

재 료 (4인분)

올리브오일 45g
채 친 양파 3개
채 친 양송이버섯 400g
채 친 셀러리 2대
씨 없는 블랙올리브 50g
저민 마늘 6알
채 친 피망 400g
쇠고기 간 것 120g
돼지고기 간 것 120g
적포도주 1/3컵
얇게 썬 베이컨 250g
홀 토마토 캔 2kg
토마토 페이스트 30g
소금·후춧가루 조금씩
월계수 잎 3장
모차렐라치즈 500g
파마산치즈 200g
라자냐 면 12장

베샤멜 소스

버터 20g
밀가루 20g
우유 250g

라구 볼로네제 만 들 기

1 커다란 냄비에 올리브오일을 두르고 마늘을 약불에서 볶다가 마늘향이 나기 시
  작하면 셀러리와 블랙올리브를 넣고 중불로 올려서 볶는다. 소금으로 간한 다
  음 양파를 넣고 볶다가 양파가 숨이 죽으면 피망을 넣는다.

2 다른 팬에 돼지고기와 쇠고기를 올려 센 불에서 볶다가 적포도주를 부어 냄새
  를 날린다. 고기가 익으면 ①에 넣는다.

3 고기를 옮긴 팬에 베이컨을 볶은 후 기름은 따라내고 ②에 넣는다. 양송이버섯
  도 넣어 나무 주걱으로 잘 섞이도록 저어준다.

4 홀 토마토 캔은 국물은 버리고 건더기는 손으로 으깨서 ③에 넣는다. 토마토 페
  이스트도 넣어 잘 풀어주고 월계수 잎도 넣는다. 중간중간 위로 뜨는 기름은 거
  둬낸다. 조금 약한 불에서 소스가 ⅔로 졸아들 때까지 끓인다.

베샤멜 소스 만 들 기

1 낮은 냄비에 버터를 넣고 약한 불에서 녹인다. 버터가 녹으면 밀가루를 넣고 저
  어준다.

2 우유를 넣고 거품기로 풀어주다가 걸쭉한 크림 상태가 되면 불을 끈다.

완 성 하 기

1 넉넉한 냄비에 물과 소금1Tbs을 넣는다. 물이 끓으면 라자냐 면이 서로 붙지
  않도록 한 장씩 넣는다. 라자냐 면 포장지에 나온 시간만큼 삶은 다음 찬물에
  헹궈 물기를 뺀다.

2 그라탱 그릇에 라구 볼로네제를 얇게 담고 라자냐 면을 올린다. 그 위에 베샤멜
  소스를 바르고 다시 라구 볼로네제를 한 겹 올린다. 모차렐라치즈와 파마산치
  즈를 뿌린다. 같은 방법으로 라자냐 면이 3장 들어가도록 켜켜이 쌓는다.

3 230℃로 예열한 오븐에서 20~25분 윗면이 노릇해질 때까지 굽는다.

PENNE CHEESE GRATIN

펜네 치즈 그라탱

가운데 구멍이 송송 나 있는 짧은 펜네 면을 크림과 치즈 소스로 볶아 모차렐라치즈를
소복하게 뿌려 노릇하게 오븐에서 구워낸 그라탱이다. 뜨거운 음식을 먹으며 '아~ 시원하다'고
탄성을 내는 우리의 역설적 맛 표현에 딱 맞는 서양 음식이다. 겨울 메뉴로 시작했었는데
여름에도 찾는 손님들이 많아 사계절 내내 준비해야 했다. 쌀을 불려 양파와 볶다가
소스를 부으면 라이스 그라탱이 되고 펜네 대신 스파게티를 넣으면 스파게티 그라탱이 된다.
주재료를 바꿔도 언제나 사랑받는 메뉴다.

재　료 (2인분)

펜네 100g
마늘 4쪽
다진 양파 1/3개 분량
브로콜리 1/2개
냉동새우 10마리
버섯 150g
모차렐라치즈 적당량

치즈 소스

생크림 200g
우유 125g
블루치즈 20g
파마산치즈 20g

생크림 소스

우유 150g
생크림 150g
소금·후춧가루 조금

만 들 기

1 커다란 냄비에 물과 소금을 넣고 팔팔 끓으면 펜네를 넣고 센 불에서 6분간 삶아 건진다. 펜네 삶은 물은 따로 챙겨둔다.

2 분량의 치즈 소스 재료를 냄비에 넣어 약불에서 치즈가 녹을 때까지 끓인다. 차게 식힌다.

3 버섯과 브로콜리는 한입 크기로 썰고, 마늘도 슬라이스한다. 냉동새우는 미리 꺼내 해동한다.

4 팬에 올리브오일을 두르고 마늘을 볶다가 다진 양파를 올려 투명해지면 브로콜리와 버섯, 새우를 넣는다.

5 삶은 펜네와 펜네 삶은 물 200mL, 치즈 소스 2Tbs을 ④에 넣고 끓인다.

6 국물이 자작해지면 생크림 소스를 넣고 소금, 후춧가루로 간을 한다. 팬 가장자리부터 생크림이 끓기 시작하면 불을 줄인다.

7 ⑥을 그라탱 그릇에 담아 모차렐라치즈를 뿌린 뒤 250℃ 오븐에서 3분간 노릇하게 굽는다.

매 일 매 일 굽 는 치 아 바 타

FOR SANDWICH

홈메이드 리코타치즈 Home Made Ricotta Cheese

홈메이드 리코타치즈를 만드는 방법은 먼저 우유 1000mL와 생크림 500mL를 큰 냄비에 넣고
소금 1ts을 섞는다. 중불에 냄비를 올리고 끓기를 기다린다. 우유와 생크림이 끓어오르면
불을 줄이고 미리 짜 놓은 레몬 1개 분량의 즙을 넣는다. 약불에서 20분 정도 끓이면 몽글몽글
입자들이 생긴다. 그때 불을 끄고 면보를 깐 고운 체에 붓는다. 보들보들한 치즈가
단단해질 때까지 냉장고에 3~4시간 두어 치즈를 굳히면 완성이다.

Oven Dried Tomatoes

방울토마토 500g을 꼭지를 떼고 깨끗하게
씻어 물기를 없애고 반으로 자른다.
올리브오일 3Tbs, 드라이 바질 ⅓ts,
드라이 오레가노 ⅓ts, 소금 ⅓ts을 버무린다.
오븐 팬에 토마토가 겹치지 않도록 넓게 펴고
150℃ 오븐에서 2시간가량 굽는다.

닭가슴살 샌드위치

올리브오일과 로즈메리의 부드럽고 산뜻한 향미가 배어나는 닭가슴살, 아삭아삭한 양상추,
단맛 나는 토마토가 어우러진 건강하고 담백한 샌드위치. 이 샌드위치는 닭가슴살을 미리 재워 두는 것이
포인트다. 닭가슴살을 스테이크처럼 구워 그린샐러드와 함께 내면 한 끼로도 충분한 닭가슴살 샐러드가 된다.

재 료 (1인분)

닭가슴살 1조각
올리브오일 15g
셀러리 잎 조금
마늘 슬라이스 1개
로즈메리 1줄기
양상추 3~4장
토마토 1/2개
적양파 조금
치아바타 1개
소금·후춧가루 적당량
버터·머스터드 적당량

만 들 기

1 닭가슴살은 찬물에 씻어 종이타월로 물기를 닦고 두툼한 쪽에서 얇은 쪽으로
저미듯이 칼집을 내어 하트모양으로 만든다. 올리브오일, 셀러리 잎, 마늘 슬라
이스, 로즈메리, 후춧가루를 섞어 닭가슴살에 조물조물 양념한 후 하루 이상 재
운다.

2 그릴팬을 뜨겁게 달궈 ①의 닭가슴살을 앞뒤로 노릇하게 구우면서 소금으로 간
한다.

3 빵 칼로 치아바타를 가른 후 한 면에 버터, 한 면에 머스터드를 바르고 양상추,
닭가슴살, 토마토를 올린다. 토마토에 살짝 소금을 뿌려 단맛을 살린다. 그 위
에 적양파와 양상추를 다시 올리고 빵을 덮는다.

베이컨 햄 치즈 샌드위치

햄 치즈 샌드위치는 당연히 햄과 치즈가 맛을 결정한다. 내가 선택한 것은 덩어리 햄과 에멘탈 치즈의 조합이다.
햄은 두툼하게 슬라이스하고, 퐁듀에 많이 쓰이는 부드럽고 단맛이 감도는 에멘탈치즈를 올린다.
여기에 바삭하게 구워 기름을 쏙 뺀 베이컨을 추가하면 이름부터 침이 고이는 베이컨햄치즈 샌드위치다.
줄여서 B.H.C 샌드위치라 부른다.

재 료 (1인분)
치아바타 1개
베이컨 3장
햄 3장
에멘탈치즈 2장
양상추 3~4장
토마토 슬라이스 2장
버터 조금

만 들 기

1 빵 칼로 치아바타를 반 가른 후 팬이나 오븐에 빵을 따뜻하게 굽는다.

2 팬에 기름 없이 햄도 살짝 구운 뒤 베이컨을 굽는다. 바삭하게 구워지면 종이타월에 올려 기름을 뺀다.

3 구운 치아바타 양면에 버터를 얇게 바른 다음 양상추를 놓고 햄을 올린다.

4 햄 위에 살짝 후춧가루를 뿌리고, 소금 뿌린 토마토 슬라이스를 올린 다음 베이컨과 에멘탈치즈, 양상추 순으로 올리고 빵을 덮는다.

B.H.C. SANDWICH

스크램블 오픈 샌드위치

올리브오일에 살짝 볶은 케일과 신선한 아보카도, 보들보들한 스크램블드 에그를 풍성하게 올린
오픈 샌드위치다. 그린과 옐로우의 산뜻한 컬러 매치가 아름다워서 봄, 여름에 즐겨 먹는다.

재　료 (1인분)

치아바타 1개
케일 80g
아보카도 1개
달걀 3개
우유 50g
올리브오일 조금
식용유 조금
소금·후춧가루 적당량
버터 조금

만 들 기

1 팬에 올리브오일을 두르고 케일을 올려 숨이 죽을 정도로 가볍게 볶는다. 소금,
후춧가루로 간한다.

2 달걀에 우유, 소금 한 꼬집을 넣고 포크로 잘 섞는다.

3 식용유를 두른 팬에 달걀을 붓고 젓가락으로 빠르게 저어 반숙 상태가 되면 불
을 끄고 계속 저어준다.

4 아보카도는 반을 갈라 수저로 씨를 뺀 뒤 껍질을 벗기고 얇게 슬라이스한다.

5 치아바타의 딱딱한 윗면은 빵칼로 거둬내고 버터를 바른다. 볶은 케일, 아보카
도, 스크램블드 에그 순으로 올린다.

불고기 샌드위치

피타브래드처럼 치아바타 속을 파내 포켓을 만들어 속을 채운 샌드위치다.
얇게 슬라이스한 고기에 매콤하게 만든 불고기 소스를 뿌려 재빨리 볶아낸다.
우리나라 불고기처럼 당근이나 버섯 등을 함께 넣어 볶아도 좋다.
또 불고기가 뜨거울 때 치즈를 얹으면 짠맛에 고소함까지 더해진다.

재　료 (1인분)

치아바타 1개
얇게 슬라이스 한 불고기용
쇠고기 150g
불고기 소스(간장 100g, 설
탕 130g, 화이트와인 35g,
마늘 2개, 레드페퍼가루 5g)
당근 채 한 줌
치아바타 1개
버터 조금
이태리 파슬리 조금

만 들 기

1 분량의 불고기 소스 재료를 모두 섞어 블렌더로 갈고 체에 밭쳐 국물만 모아 냉
　장고에서 하루 정도 숙성시킨다.

2 치아바타를 준비해 2~3등분한다. 빵 속에 불고기를 넣을 수 있도록 빵 가운데
　를 파내고 버터를 바른다.

3 팬을 달궈 기름을 조금 두르고 당근을 볶는다.

4 당근을 덜어내고 고기를 올린 뒤 불고기 소스 1Tbs를 넣어 센 불에서 볶는다.
　마지막에 당근을 넣고 섞는다.

5 파낸 빵 속에 볶은 고기를 나누어 넣고 파슬리로 장식한다.

리코타치즈 파니니

아이스크림처럼 부드럽고, 진한 고소함이
기분 좋게 혀끝에 남는 리코타치즈는
샌드위치는 물론 샐러드, 피자 등 어떤 재료와 만나도
어색함이 없다. 오븐에서 구워낸 토마토는 MSG를 뿌린 듯한
감칠맛으로 제5의 미각을 자극한다. 홈메이드 리코타치즈와
홈메이드 드라이 토마토가 주재료인 리코타치즈 파니니.

재 료 (1인분)

치아바타 1개
리코타치즈 70g
구운 토마토 8~10개
씨 없는 올리브 5개
모차렐라치즈 50g
버터 조금

만 들 기

1 치아바타를 반으로 가른 후 버터를 바른다.

2 버터 위에 리코타치즈를 바른 다음 구운 토마토와 올리브를 얹는다.

3 모차렐라치즈를 고루 뿌리고 빵을 덮는다.

4 200℃로 예열한 파니니 기계에 ③을 넣고 모차렐라치즈가 녹을 때까지 5분가량
  누른다.

Tip 파니니 기계가 없을 땐 전자레인지에 30초간 돌린 뒤 마른 팬에 올리고 약불로 치즈가 녹을 때까
  지 위아래로 뒤집어주면서 타지 않게 굽는다.

Fresh Salad

건강한 재료에서 근사한 맛이 난다

구 떼's 샐 러 드

아스파라거스에 올리브오일과 소금을 뿌리고 200℃ 오븐에서 7분간 구워
레몬제스트와 칠리가루를 뿌려 먹는 매콤 상큼한 아스파라거스 오븐구이.

포치드 에그 & 아스파라거스 샐러드

아스파라거스를 먹을 땐 언제나 즐겁다. 호사스러운 느낌을 주는 식재료다.
재료 그 자체로 건강함이 느껴진다. 아스파라거스를 아삭하게 굽고 탱글탱글한 수란을 만들어
루콜라와 함께 곁들여낸다.

재 료 (2인분)
아스파라거스 8개
달걀 2개
루콜라 60g
베이컨 4장
올리브오일 5g
물 1L
식초 1ts
소금·후춧가루 적당량
구운 미니 당근 5~6개

만 들 기

1 아스파라거스는 필러로 두꺼운 부분만 껍질을 벗긴 후 끝부분을 잘라 깨끗하게 씻는다. 루콜라도 찬물에 씻은 후 물기를 뺀다.

2 베이컨은 마른 팬에 올려 바삭하게 구운 뒤 종이타월에 올려 기름기를 뺀다.

3 올리브오일을 두른 팬에 아스파라거스를 올리고 소금, 후춧가루를 뿌려 볶는다.

4 냄비에 물 1L를 담고 식초 1ts을 넣은 후 팔팔 끓으면 불을 줄이고 달걀을 깨서 국자에 담은 뒤 끓는 물에 넣어 수란을 만든다. 2분 30초 정도 끓인다.

5 접시에 루콜라를 담고 볶은 아스파라거스와 구운 미니 당근, 베이컨, 수란을 올린다.

토마토 & 리코타치즈 샐러드

여러 가지 토마토를 한입 크기로 잘라 질 좋은 소금을 뿌려 15분 정도 절여서 먹으면
바로 먹는 토마토와는 비교할 수 없는 깊고 진한 토마토의 향과 맛이 느껴진다.
바질드레싱을 뿌린 리코타치즈 혹은 프레시한 모차렐라치즈와 잘 어울린다.

재　료 (2인분)
방울토마토 200g
대추 토마토 200g
프레시 바질 2~3장
리코타치즈 180g

바질드레싱
프레시 바질 10g
올리브오일 40g

레몬드레싱
레몬즙 100g, 설탕 50g
소금·후춧가루 적당량
올리브오일 100g

만 들 기

1 바질에 올리브오일을 넣고 핸드 블랜더로 갈아 바질 소스를 만든다.

2 레몬즙에 설탕과 소금, 후춧가루를 넣고 설탕이 녹을 때까지 섞은 뒤 올리브오
　일을 조금씩 넣으면서 계속 저어 레몬드레싱을 만든다.

3 토마토는 반으로 가른 후 소금을 뿌리고 15분 정도 둔다.

4 접시에 토마토와 리코타치즈를 놓고 토마토에는 레몬드레싱, 리코타치즈에는
　바질드레싱을 뿌린다.

GARDEN RICOTTA CHEESE SALAD

가든 리코타치즈 샐러드

Simple is Best!

농장에서 갓 딴 채소, 자연스러운 나무그릇, 홈메이드 리코타치즈.

세계적인 라이프스타일 잡지 킨포크에 나오는 것처럼 슬로우 라이프, 슬로우 푸드다.

로메인, 라디치오, 프리세 때로는 오크, 비타민, 루콜라까지 어떤 채소라도 좋다.

바로 씻어 커다란 나무그릇에 듬뿍 넣고 프랑스 겔랑드 지방의 천연소금 플뢰르 셀 _fleur de sel_ 을 뿌려

토싱한 후 아주 신선한 엑스트라버진 올리브오일과 발사믹식초를 한두 방울 떨어뜨린다.

그 위에 홈메이드 리코타치즈를 올리면 완성이다.

연어 샐러드

봄, 여름, 가을, 겨울 사계절 내내 즐기기 좋은 샐러드.
훈제연어에 레몬즙과 케이퍼, 향기로운 딜의 매치가 고급스러운 샐러드다.
연어와 쌉싸래한 루콜라, 혹은 연어와 아보카도, 연어와 감자 등 사이드 메뉴를 바꿔 계절감을 살린다.

재　료 (2인분)
훈제연어 200g
레몬 1/2개
루콜라 80g
딜 1줄기
케이퍼 20알

레몬드레싱
레몬즙 100g, 설탕 50g
소금·후춧가루 적당량
올리브오일 100g

만 들 기

1 레몬즙에 설탕과 소금, 후추를 넣고 설탕이 녹을 때까지 섞은 뒤 올리브오일을
　조금씩 넣으면서 계속 저어 레몬드레싱을 완성한다.

2 깨끗하게 씻은 루콜라와 훈제연어를 접시에 담는다.

3 케이퍼, 딜을 뿌리고 레몬을 길게 잘라 연어 위에 뿌린다.

4 레몬드레싱은 미니볼에 담아 따로 낸다.

SALMON SALAD

태국요리에서 아이디어를 얻어 캐슈너트를 샐러드에 이용했다. 땅콩보다 부드럽고 섬유소도 많아
다이어트 식품으로도 좋은 캐슈너트를 버섯과 브로콜리와 함께 올리브오일에 볶은 것이다.
견과류를 싫어하는 친구들도 반색하는 샐러드다. 방법은 팬에 기름을 두르지 않고 캐슈너트를 살짝 굽는다.
올리브오일을 조금 두른 팬에 느타리버섯과 새송이버섯, 브로콜리, 소금, 후춧가루를 넣어 볶는다.
접시에 버섯과 브로콜리를 담고 캐슈너트를 얹는다. 3분이면 완성되는 스피드 샐러드다.

썸머 볼 샐러드

여름에 어울리는 샐러드 담음새. 투명한 볼을 냉장고에 넣어 차갑게 만든다.
비타민과 라디치오는 한입거리로 만들고, 브로콜리와 비트는 살짝 볶고, 아보카도와 올리브도 썬다.
이들을 차곡차곡 투명한 볼에 쌓아 올린다. 산뜻한 레몬드레싱을 매치하면
가볍게 즐길 수 있고, 진한 치즈드레싱과 섞으면 와인 안주로 제격이다.
치즈 드레싱은 마요네즈 60g, 파마산 치즈 40g, 우유 20g, 꿀 20g, 올리브오일 20g,
소금 1꼬집을 넣고 잘 저어주면 된다.

SUPER GRAIN SALAD

찹쌀과 대추, 밤, 잣이 고루 들어간 약식이나 검은쌀, 검은콩, 쌀, 조, 팥 등을 넣어
오곡밥을 짓듯이 곡류를 주재료로 만든 포만감 100% 건강 샐러드다.
슈퍼 그레인인 퀴노아와 병아리콩에 씹을수록 고소한 우리 현미를 더하고
방울토마토, 아보카도까지 넣어 영양을 더했다.

재　료 (2인분)

병아리콩 50g
현미 50g
퀴노아 20g
블랙올리브 10개
방울토마토 10개
아보카도 1/2개
당근 슬라이스 조금

발사믹드레싱

발사믹식초 30g
다진 양파 20g, 설탕 10g
올리브오일 70g
소금 한 꼬집
후춧가루 조금

만 들 기

1 병아리콩은 하룻밤 불린 후 끓는 물에서 25분 삶는다.
현미도 하룻밤 불린 후 끓는 물에서 15분 정도 삶아 흐
르는 물에 헹군다. 퀴노아도 끓는 물에 5분가량 삶아 체
에 건진다.

2 아보카도는 반을 갈라 씨를 빼고 한입 크기로 썬다. 방
울토마토와 블랙올리브는 반으로 자른다.

3 발사믹드레싱은 올리브오일을 제외한 모든 재료를 넣고
잘 저어준다. 설탕이 녹으면 올리브오일을 조금씩 넣으
면서 섞는다.

4 준비한 모든 재료를 섞어 그릇에 담고 드레싱을 끼얹거
나 따로 낸다.

All

The

Inspirations

일상에서 얻는 영감, 에너지 & 힐링

Modern Classic
Furnitures and Goods

Bei Rot stehen
InterCity 2010
Stuttgart-
258

Sabo's Atelier

아티스트 사보^{Sabo}의 아름다운 아틀리에

아티스트 사보는 일러스트레이터이자 바우하우스 시대의 가구와 물건을 연구하는 콜렉터다.
똑같은 일상에 싫증이 날 때 그의 아틀리에를 방문하곤 한다.
그가 15년간 독일에서 활동하며 수집한 1919~1970년까지의 모던클래식 제품들은
황홀한 비례와 완벽한 색감을 보여준다. 오랜 세월 유럽 전역을 돌며 공들여 모은 것이기에
하나하나 스토리가 있고 각별하다. 디자이너들의 열정, 간직했던 이들의 세월이
제품에 깃들어 있음이 느껴진다. 빈티지에 관한 사보의 해박한 지식은 가히 독보적.
유머까지 보태진 그의 빈티지 이야기에 귀 기울이다보면,
시공을 초월한 짧은 여행을 하는 기분이다.

1 현대 주방 시스템의 기원인 바우하우스 프랑크푸르트 부엌. 1927년 슈테라는 여성 디자이너에 의해 탄생된 최초의 빌트인 부엌으로, 이 오리지널 제품은 독일에서도 찾아보기 힘든 희귀품이다.

2 MES는 범랑 주방용품으로 유명한 회사. 사보는 1950년대에 제작된 이 냄비들을 이용해 식사준비를 한다고. 사용 후기는 엄지척!

3 도자기로 만든 커피 드리퍼는 커피용품의 원조라고 할 수 있는 독일 '멜리타' 제품. 거의 완벽한 상태로 보존, 특유의 파스텔 컬러를 은은히 내뿜는다.

4 부드러운 곡선 속에서도 실용성과 아름다움을 놓치지 않은 알루미늄 주방 도구들.

5 그가 15년간 머물던 슈투트가르트를 기억할 수 있는 각종 인쇄물.

후무스 & 슈림프 스튜

후무스 재 료
병아리콩 캔(450g) 1개
올리브오일 4Tbs
마늘 1쪽
레몬즙 6Tbs
소금 한 꼬집
물 2Tbs

슈림프 스튜 재 료
다진 마늘 10개 분량
다진 양파 1개 분량
올리브오일 30mL
소금 1/2Tbs
토마토 캔 혹은
완숙 토마토 1kg
냉동 새우 500g

만 들 기

1 후무스는 분량의 재료를 블렌더로 간다.

2 냉동새우는 해동하고 토마토는 블렌더로 곱게 간다.

3 두툼한 소스 팬에 올리브오일을 두르고 약한 불에서 양파와 마늘을 충분
히 볶아 향을 낸 다음 곱게 간 토마토를 넣고 30분가량 약불에서 조린다.
소금으로 간한다.

4 팬에 새우를 올려 살짝 굽다가 ③의 토마토소스를 넣고 끓인다.

5 냄비 가운데 ④를 담고 가장자리에 후무스를 둥글린다.

레몬 아이싱 파운드케이크

만 들 기

1 오븐은 180℃로 예열하고 17cm×11cm×높이5cm 파운드 틀을 준비한다. 파운드 틀 안쪽에 버터를 얇게 바르고 밀가루를 뿌린 후 여분의 가루는 털어낸다.

2 상온에서 부드러워진 버터와 설탕을 섞은 후 달걀을 한 개씩 넣으면서 거품기로 젓는다.

3 박력분을 1Tbs 정도 남긴 다음 베이킹파우더와 섞어 체에 내려 ②에 넣고 반죽하다가 레몬즙을 넣는다.

4 남겨둔 박력분에 오렌지 필을 넣고 살살 버무려 반죽에 넣는다.

5 ④의 반죽을 틀에 넣고 45분가량 굽는다. 케이크를 찔러보아 반죽이 묻어 나지 않으면 완성.

6 케이크를 오븐에서 꺼내자마자 틀을 뒤집어 파운드케이크를 뺀다.

7 식힘망 위에 파운드케이크를 놓아 차게 식힌 후 분량의 재료를 섞어 만든 레몬 아이싱을 파운드케이크 위에 바른다.

재　료

무염버터 150g
설탕 130g
달걀 3개
박력분 150g
베이킹파우더 1ts
레몬즙 1Tbs
오렌지 필 50g

레몬 아이싱 재　료

레몬즙 1Tbs
슈거파우더 50g

같은 빈티지끼리는 이리도 잘
어울리는 걸까? 사보 아틀리에
에 위트를 더해주는 오리지널
아톰 피규어 그룹.

디자이너 빌헤름 바겐펠트의
WMF 화병을 비롯, 무라노,
멜리타의 화병 콜렉션.

바우하우스 시대의 라디오. 아직까지도 맑고 깊은 소리를 낸다. 가구를 모은 것이 아니라
분위기를 모은 것이라는 사보의 콜렉션 철학을 느낄 수 있다.

슈투트가르트 국립미술대학, 대학원을 졸업한 아티스트 사보.
비주얼 커뮤니케이션을 공부하는 15년 동안 독일 전역과 유럽을 돌며 가구와 생활용품을 수집했다.
많은 돈을 들여 한꺼번에 다량 구입하는 것은 진정한 콜렉터가 아니라고 말한다.

Sabo의 빈티지 화병에 담은 블룸 이진숙의 심플 꽃장식

좋은 식재료에 많은 양념이 필요 없듯이, 디자
인 좋은 화병에는 꽃으로 기교를 부릴 필요가
없다. 튤립과 히아신스를 그저 풍성히 꽂았다.

Naturalism

텃밭, 들꽃, 허브, 투박한 흙내음…　자연의 레시피로 만드는
재충전의 시간

친구가 이사를 했다. 서울에서 구례로. 오래 전부터 차근차근 집터를 알아보더니
섬진강이 설핏 내려다보이는, 오래된 작은 마을을 찾아냈다. 고즈넉한 곳에 운 좋게
볕 좋은 땅을 샀다고 했다. 땅을 고르게 다진다는 소식이 들려오더니 어느새 집을 지었다고 한다.
궁금했던 그 집을 향하는 여행이었다.

구례로 내려가는 길, 사각 차창 너머 하늘색이, 구름 모양이 수시로 바뀐다.
끝없이 이어지는 맑은 수채화를 보는 것 같다. 푸르던 나무들도 단풍잎을 바바리코트 마냥
입고 있는 11월 초다. 늘 바쁘다는 말을 입에 달고 살던 우린 서울을 떠난 지 2시간도 채 안 되었는데
하루가 48시간으로 늘어난 것처럼 여유가 생겼다.

구례에 가면 차갑고 청량한 공기를 마시며 아침 산책을 하고 싶었고, 느긋하게 차 한 잔 마시며
책도 읽고, 때론 하늘도 올려다보고 싶었다. 친구가 매만진 집도 궁금했고, 노동의 결과인 텃밭에서
한손 거들고 싶었고, 왁자한 읍내 장구경도 하고, 와인 한잔하며 지난 이야기도 하고 싶었다.
그리고 그곳에 있는 식재료와 어디에나 피어 있는 야생화로 음식을 만들고 꽃을 꽂고 싶었다.

반듯한 ㄱ자 집. 거실 창밖으론 멀리 시원하게 뻗은 산줄기가 보이고, 집 앞 뒤로 꾸며진
자그마한 텃밭은 단정하다. 절로 들숨과 날숨이 쉬어지게 하는 맑은 공기. 얼마나 고마운지 모른다.

텃밭에서 자란 허브와 당근, 버섯을 이용해 스튜와 찜을 만들고, 달달한 디저트가 그립다는
시골의 그녀를 위해서 케이크를 굽고, 도시보다 3℃쯤 낮은 싸한 냉기가 들어오는 초가을 밤은
뜨겁게 끓인 와인, 뱅쇼로 달랬다. 마을 언덕길에, 야산에, 그녀의 마당에 지천에 피어있는 들꽃으로
주방 창가를, 거실 한 귀퉁이를, 풍성하게 차린 식탁을 더욱 환하게 만들었다.

자연의 선물을 마음껏 즐기는 시간. 영화 속 한 장면처럼 집밖으로 식탁을 끌어냈다.
노을이 사라지고 푸르스름한 어둠이 내려앉을 때까지 긴긴 저녁식사를 했다.
주인을 부르는 개 짖는 소리, 우리들의 밝은 목소리, 풀을 춤추게 하는
유쾌한 바람, 적당히 차가운 공기. 그곳이어서 다 좋았다.

오늘은 무심하게 자란 구례의 풀숲이 우리의 주방이다. 들꽃을 모아 근사한 센터피스를 만들고
텃밭에서 수확한 당근과 버섯이 식재료로 쓰이는 우리가 꿈꿔온 자연식탁.

고소한 간식, 크럼블

아몬드파우더 혹은 밀가루가 1일 때 설탕과 버터는 ½씩 넣고 살살 버무려
넓은 트레이에 펴서 담아 180℃ 오븐에서 15분 정도 구워내면 바삭한 크럼블이 된다.
구례 고구마를 살캉살캉하게 삶아 함께 구워도 좋다.
긴 밤 수다에 입이 심심할 때 딱 좋은 주전부리.

따뜻한 겨울 음료, 뱅쇼

겨울밤에 어울리는 음료. 와인은 끓일 것이라서 싼 와인이면 된다. 와인 500mL에 흑설탕 30g,
오렌지 ½개, 레몬 ½개, 시나몬스틱 2개, 정향 2~3개를 넣어 설탕이 녹고 향이 우러날 때까지
약불에서 끓인다. 건더기는 체에 밭치고 와인은 따뜻하게.

안젤라 튤립

서울에서 사간 안젤라 튤립이 주방 창가에 놓였다. 나름 화려한 꽃인데도
친구의 주방에 잘 어울린다. 창밖으로 자연이 보이는 주방이 너무나 부럽다.

시골풍 빅토리아 파운드케이크

버터 150g과 설탕 150g을 믹서로 섞어 부드러워지면 달걀 3개와 우유 2Tbs을 넣고 고루 섞는다.
그리고 박력분 180g과 베이킹파우더 2ts을 체에 내려 섞는다.
고무주걱으로 가루가 보이지 않도록 섞은 뒤 호두와 건포도, 졸인 밤을 넣는다.
때론 플레인으로 구워도 좋다. 180℃ 오븐에서 30~40분간 굽는다.
오븐에서 꺼내 완전히 식으면 슈거파우더와 호두로 장식한다.

푸짐한 파티요리, 돼지고기 찜

음식 만들기 전날 밤 두툼한 돼지고기 목살 3kg을 준비해 굵은 소금을 바른다.

마치 소금 이불을 덮어준다고 생각하고 꼼꼼하게 묻혀 냉장고에서 하룻밤을 재운다.

고기 속까지 간이 배게 하는 방법이다. 다음날 소금을 털어내고 무명실로 고기를 묶는다.

두툼한 무쇠냄비에 고기를 넣고 마당에서 딴 로즈메리, 레드와인 2Tbs을 뿌려 약불에 올린다.

토마토와 감자, 당근도 크게 썰어 고기 옆에 넣는다. 3시간 정도 끓인 뒤 고기를 찔러보아

푹 들어가고 핏물이 나오지 않으면 된다.

도마에 고기를 꺼내 실을 풀고 얇게 슬라이스해서 채소와 함께 먹는다.

허브로 완성한 꽃다발
딜, 훼널, 자색 바질, 세이지, 라벤더…
뒷마당 허브 밭에서 뚝뚝 꺾은 허브로
꽃다발을 만들었다. 실내에 놓으면 각종
허브의 아로마가 마음을 평화롭게 한다.

메리골드, 라벤더, 장미, 잡초까지 어우러진 시골의 마당.
아무리 솜씨 좋은 플로리스트도 자연을 상대할 수는 없다.

가을의 나뭇가지는 어딘지 쓸쓸하다. 계절의 표정을 채집하여 바구니에 담아본다.

가만히 내버려 두어도 조용히 자라는 버섯들, 알싸하고 습한 버섯 향에 취한다.

버섯을 듬뿍 넣어 파이를 구웠다. 서울에서 만든 것보다 비교할 수 없을 만큼 훨씬 더 맛있다.

넉넉하게 끓여두는 양배추 스튜

두툼한 냄비에 양파 2개, 마늘 5쪽, 셀러리 2대를
잘게 썰어 올리브오일로 조금 볶는다.
혹시 베이컨이 있다면 베이컨 2~3줄을
잘게 썰어 넣어도 좋다. 치직~ 하면서 볶는 소리가 나면
통통한 양배추 한 통을 쓱쓱 썰어서 넣는다.
토마토 2~3개와 블랙올리브 한 줌도 넣는다.
그린빈도 넣는다. 지난밤 불려둔 병아리콩이나 다른 콩은
살짝 데쳐서 넣고, 소금으로 간하여 뭉근하게 계속 끓인다.
붉은색을 진하게 내려면 토마토 페이스트를 2Tbs 넣으면
맞춤이다. 소금으로 약간 싱겁게 간해 양배추가 호돌호돌
해질 때까지 약불에서 2시간가량 끓이면 진하고
시원한 양배추 스튜가 된다.

Learning, Eating, Laughing

방배동 용태쌤

월드 쿠킹 스튜디오

요즘 우리의 요리선생님은 김용태 셰프. 편하게 용태쌤이라 부른다.
어려서부터 외국생활을 오래 한 그의 수업은
파스타에서부터 세비치, 파에야, 똠양꿍, 페이조아다 등 세계로 떠나는 요리여행이다.

크리스마스가 다가오자 용태샘은 영국식 크리스마스 요리를 소개했다.
수업을 함께 하는 5명의 여자들은 선생님의 레시피에 따라 샐러드에 넣을 콜리플라워를 자르고,
레몬즙을 짜고, 소스를 만든다. 세련된 컬러와 상큼한 맛의 비트 & 귤 샐러드,
따뜻하게 체온을 올려주는 콜리플라워 웜 샐러드,
두툼한 안심을 베이컨과 파이 반죽에 싸서 오븐에서 구워낸 오늘의 메인 요리인 비프 웰링턴,
포크와 나이프가 입으로 부지런히 오간다. 디저트는 입천장이 데일 듯 뜨겁고,
머리 아프도록 달달한 애플파이. 맛있는 음식, 좋은 사람들,
마치 새로운 맛을 찾아 세계로 떠나는 식도락여행 같다.
언제나 설레고 기대되는 우리들의 재충전 시간.

김용태 선생님은…
미식가들 사이에서 소문났던 디스코피자를 경영하던 오너셰프.
우루과이에서 태어나 칠레, 페루, 브라질, 파라과이, 아르헨티나에서 청장년기를 보내고
미국 매사추세츠 대학에서 호텔 경영학과와, 미국 요리학교 CIA를 졸업했다.
한국에 돌아와 CJ 푸드빌, 삼천리 라이프 앤 컬처에서 근무했으며 지금은 외국계 회사에 다니고 있다.

비프 웰링턴

영국의 웰링턴 장군이 나폴레옹을 물리친 뒤 먹었다는
후문이 있는 영국의 크리스마스 요리.
프랑스식 파이와 버섯듁셀(양송이를 볶은 후 곱게 간 것),
영국식 로스트비프가 결합된 조리법이 특징이다.
두툼한 쇠고기 안심을 프라이팬에 살짝 구운 후 머스터드를 바른다.
이것을 베이컨과 버섯듁셀로 말은 후 파이반죽으로 완전히 감싸서
오븐에 구운 요리. 바삭한 파이와 육즙 가득한 고기의 풍미가
고급스럽다.

프라이팬을 뜨겁게 달궈 안심의 앞뒷면을 살짝 굽는다.
붓으로 구워진 안심에 디종 머스터드를 앞뒤로 바른다.

요리를 배우는 시간보다 더 기다려지는 순간.
먹고 얘기하고 웃는다. 좋은 사람들, 맛있는 음식,
행복한 시간. 지금 이 순간!

블룸 이진숙이 준비한 크리스마스 선물.
무심한 듯 자연스럽게 이어진 내추럴 리스,
벽에 걸어도 탁자 위에 놓아도 멋졌다.
안주인 고심 끝에 거실 거울 위,
그곳이 리스의 집이 되었다.

비프 웰링턴

콜리플라워 웜 샐러드

재 료 (2인분)

콜리플라워 2개
올리브오일 3Tbs
소금·후춧가루 조금씩

드레싱

케이퍼 1Tbs
잣 1/4C
건포도 1/4C
레몬즙 1Tbs
꿀 1Tbs
올리브오일 3Tbs

만 들 기

1 콜리플라워는 8~9조각으로 큼직하게 자른 후 올리브오일과 소금, 후춧가루를 뿌려 고루 섞는다.

2 ①을 200℃로 예열한 오븐에 넣어 10분가량 구운 후 뒤집어 준 다음 10분가량 더 굽는다.

3 볼에 분량의 드레싱 재료와 잘게 다진 케이퍼를 넣고 소금, 후춧가루로 간을 맞춘다.

4 구운 콜리플라워 위에 드레싱을 뿌려낸다. 따뜻할 때 먹는다.

British Flower Shop & School

영국의 플라워 숍 & 스쿨

한국에서도 유명한 영국 플로리스트들이 많다.
Paula Pryke, Shane Connolly, Ercole Moroni 등의 꽃집과 스쿨은
실력과 내공으로 오래도록 사랑받고 있다.
그들의 뒤를 잇는 영국의 새로운 플로리스트와 스쿨을 소개한다.
이들의 스타일은 SNS 통해 빠르게 전파되며 플라워 트렌드를 이끌고 있다.
전세계의 새로운 꽃 소식을 놓치지 않기 위해 항상 관심을 놓지 않고 있다.

플라워 숍

페탈론 Petalon

많은 사람들이 친환경적으로 살고 싶다는 생각을 한다. 하지만 사업이나 생활 속에서 이를 실천하기란 쉽지 않은 일이다. 꽃집도 마찬가지인데 오아시스, 비닐 포장지, 코팅된 봉투 등을 사용하지 않으며 꽃을 판다는 건 정말 어렵다. 페탈론은 2015년 런던에서 창업한 플라워 딜리버리 업체. 플로렌스 케네디와 그의 남편 제임스는 친환경을 실천하기로 결심하고, 자연분해되는 포장재를 사용하고, 공해를 일으키지 않도록 자전거 배송을 고집하고 있다. 영국에서 재배된 꽃을 주로 사용하며 꽃다발 한 개가 팔릴 때마다 꿀벌 보호단체인 Bee Collective에 1파운드씩 기부한다. 꽃다발을 포장할 때는 종이가 아닌, 성글게 짠 자연섬유 원단을 사용한다. 자전거 라이더가 어깨에 맨 커다란 배낭에, 여러 개의 꽃다발을 꽂고 달리는 모습은 많은 사람들을 미소 짓게 한다. 이런 꽃다발을 받는다면 기쁨과 의미를 동시에 느낄 듯. 환경을 우선으로 생각하는 오너의 경영철학이 돋보이는 곳이다.

address The Tram Depot. 14B The Old Tram Depot. 38-40 Upper Clapton Rd. London E5 8BQ, UK.　**instagram** @petalon_flowers　**website** www.petalon.co.uk

스왈로우 앤 댐슨 Swallow and Damsons

마치 16세기 더치 페인팅을 꽃으로 재현해놓은 듯한 그녀의 인스타그램 팔로워는 148k. 주인공인 안나 포터는 순수미술을 전공해서인지 색감의 사용이 남다르다. 게다가 어릴 적 장미 가득 핀 마당에서 뛰어놀며 자연에 매료된 남다른 정서와, 손수 장미 향수까지 만들었던 실험정신까지 겸비해 요즘 영국에서 가장 핫한 플로리스트로 손꼽힌다. 'Swallow and Damsons'라는 꽃집 이름도 어린 시절 읽었던 동화책 제목에서 가져왔다. 이 책은 상상력, 창의력, 모험으로 가득 차 있었는데, 자신의 비즈니스에 이 모든 것을 담아내고 싶어 이런 이름을 붙였다고 한다. 로맨틱하면서도 전형적이지 않은 꽃 스타일을 사랑하는 그녀는, 자연에서 꽃과 나무가 어떻게 자라는지 관찰하고 그대로의 모습을 표현하기 좋아한다. 인공적으로 키워낸 일률적인 꽃보다는 자연에서 자라 구부러지고, 뒤틀리고, 고개 숙인 꽃과 소재를 그 모양 그대로 사용하기를 즐긴다.

address 326 Abbeydale Rd. Sheffield S7 1FN. UK　　**instagram** @swallowanddamsons
website www.swallowsanddamsons.com

레블 레블 Rebel Rebel

런던의 힙스터들이 모여드는 이스트 런던에서 와일드하고 컬러풀한 스타일로 유명한 Rebel Rebel. 독특한 가게 이름(데이비드 보위의 노래 제목이기도 하다)만큼이나 기존의 고상한 영국 플라워 비즈니스와는 차별화된 세계를 선보인다. 직장 동료이자 베스트 프렌드인 Athena Duncan과 Mairead Curtin이 이스트 런던 Broadway Market에 15년 전 오픈했다. 당시 Broadway Market에는 스타일리스트와 포토그래퍼들이 많았는데, 그들이 Rebel Rebel 꽃스타일에 반하면서 유명해지기 시작했다고. 현재 Rebel Rebel은 멋진 클라이언트들을 많이 확보하고 있다. 영국 아카데미상 시상식인 BEFTA를 비롯, Burberry, Selfridge, Tate, 방송사인 Channel 4, BBC 등과 일하고 있으며 최근에는 BBC의 시대극에서 에드워드 시대의 꽃장식을 재현하고 있다. 그들의 플라워 스타일은 매우 이스트 런던스럽다. 컬러풀하고, 자유분방하며 거리낌이 없지만, 전통적 영국식 꽃스타일을 아름답게 재해석하기도 한다. 이런 실력 때문에 방송사의 시대극도 소화해 낼 수 있을 것이다. 자체적인 워크숍뿐 아니라 내셔널갤러리, 포트넘 앤 메이슨에서도 워크숍을 진행 중이며 중국 플라워 스쿨 Cohim에도 정기적으로 참여하고 있다. 언젠가 한국 플로리스트들과의 만남도 기대해본다.

address Rebel Rebel in spar 64-66 Brooksby's Walk. London E9 6DA, UK
instagram @rebelrebele8　　**website** www.rebelrebel.co.uk

스칼렛 앤 바이올렛 Scarlet and Violets

런던에서도 빈티지한 스타일로 유명한 S&V는 유난히 매니아 층이 많은 꽃집이다. 오너인 Vic Brotherson은 1990년대부터 지금까지 런던 최고의 꽃집 중 하나인 Wild at Heart에서 15 년간 일했던 실력파.

"나만의 조용한 플라워 스튜디오를 갖고 싶었어요."

그러나 조용한 스튜디오는 오픈과 함께 주문이 밀려들기 시 작했고, 지금은 10명의 플로리스트와 3명의 배송기사를 둔 꽃집으로 성장했다. 그녀의 인기 비결은 마치 화병에서 꽃과 식물이 자란 듯한 자연스러움이다. 숍에서 일하는 플로리스 트 개개인의 취향을 존중하며 모두 자기가 원하는 꽃과 컬러 를 사용하도록 한다.

유연한 곡선, 약간은 복잡한 디테일, 섬세한 질감을 지닌 꽃 들을 즐겨 쓰는 Vic Brotherson은 목련, 폭스 글로브, 훼널, 딜, 양귀비, 프리탈라리아 등을 사랑한다고. 모델 케이트 모 스의 결혼식 꽃장식을 하며 더욱 유명해졌다.

address 76 Chamberlayne Rd, London NW10 3JJ, UK
instagram @scarletandviolet
website https://scarlet-violet.myshopify.com

플라워 스쿨

The Blue Carrot

영국 남서부의 콘월Cornwall은 풍광이 아름답기로 유명한 지역. 영화 어바웃타임의 촬영지이기도 하다. 이곳에서 자신만의 정원을 가꾸고 그 꽃과 식물에 야생의 자연물을 더해 작업을 하는 Susanne Hatwood. 그녀의 어레인지먼트는 매우 독창적이고 예술적이어서 이미 많은 플로리스트들에게 영감을 주고 있다.

자신의 스타일을 와일드 로맨스라고 표현하는 Susanne. 아름답게 활짝 핀 꽃에 어울리지 않을 것 같은 의외의 조합을 살짝 곁들이는 것을 즐기며, 줄기와 꽃봉우리가 만들어내는 운동감과 질감을 중요하게 생각한다. 인스타그램을 통해 세계 곳곳의 플로리스트들이 그녀의 작업을 동경하고 있다. 빛이 바랜 듯한 오묘한 색감, 특히 가을의 수백가지 아름다운 색감이 예술적으로 담겨 있다.

"아주 많은 다른 것들로부터 영감을 얻고 있어요. 그림, 자연, 정원들, 심지어 춤에서도 영감을 얻을 수 있죠. 저는 시각적인 것에 매우 예민해서 눈으로 인상 깊게 본 것을 번역하듯 꽃작업으로 표현해요."

일반 학원의 방식이 아닌 1:1 레슨을 통해 Susanne Hatwood만의 스타일을 밀접하게 배우고 느낄 수 있다. 원데이 레슨(10am~4pm), 하프데이 레슨(3시간)이 있고, 수강생의 요구에 맞게 날짜를 늘릴 수 있다. 마음 맞는 사람들끼리 그룹을 만들어 배울 수도 있다고 한다.

address Tregassa Farm Gardens, Portscatho, Truro TR2 5EH, UK
instagram @the_blue_carrot   **website** http://thebluecarrot.co.uk

© Sarah Falugo

© Sarah Falugo

Tallulah Rose Flower School

Bath는 로마시대부터 귀족들이 즐겨 찾은 스파의 도시였고, 제인 오스틴의 소설에 나오듯 18세기부터는 유럽의 사교도시로 명성을 떨쳤다. 그런 문화유산과 자연환경이 아름다운 이곳에 자리잡은 Tallulah Rose 플라워 스쿨을 소개한다.

탄탄한 커리큘럼으로 10년째 운영되고 있는 이곳은 이미 많은 수강생들을 배출, 영국과 세계 곳곳에서 플로리스트로 활동하고 있다.

"샘플을 만들어두고 그것을 카피하는 수업은 하지 않아요. 대신 우리가 지향하는 스타일에 대해 설명하고 보여준 후, 그날의 주제에 따라 각자 자기가 원하는 꽃을 고르도록 해요. 모두 다른 스타일로 꽂는 거야말로 좋은 거죠. 우리가 할 일은 자신만의 특색을 발견하도록 길을 안내하는 거예요."

플라워 레시피를 주고 똑같이 꽂도록 하는 것은 소중한 수강생들의 돈과 시간을 낭비하는 것이라고 생각한단다. 코스는 3days, 2weeks, 4weeks로 나뉘며 자세한 사항은 홈페이지에서 확인할 수 있다.

address First Floor 28 Milsom Street, Bath, BA1 1DG, UK

instagram @tallulahroseflowerschool　　　**website** www.tallulahroseflowers.com

Jay Archer Floral Design Flower School

가장 영국적인 웨딩 플로리스트로 손꼽히는 Jay Archer가 2015년 문을 연 플라워 스쿨. 500회 이상의 성공적인 웨딩플라워 장식을 했던 경험으로 꼭 필요한 코스만을 엄선했다. 스스로도 매우 영국적인 플로랄 디자이너라고 말하는 그녀의 스타일은 자연 친화적이면서 우아하다.

이 학교의 가장 큰 장점은 대형 어레인지먼트 실습이다. Jay와 그녀의 팀들은 천장이 높고 공간이 넓은 교회와 웨딩홀 등의 대형 어레인지먼트에 특히 강하다. 웨딩천막 꾸미기, 가렌드, 플라워 볼, 플라워 후프 등을 실습과 함께 가르친다. 코스가 다양하므로 자신에게 필요한 것만 원데이 실습할 수 있고, Jay와 일정을 맞추면 개인 레슨도 가능하다. '네덜란드 정물화의 황금기 스타일', '브라이덜 파티의 모든 것' 등의 흥미로운 코스도 있으며 홈페이지를 통해 예약할 수 있다. 아름다운 전원으로 둘러싸인 North Hampshire에 위치하고 있다.

address Brick Office, Old Station, Bagmore Lane, Herriard, Hampshire, RG25 2PY, UK
instagram @jayarcherblooms
website www.jayarcherfloraldesign.com

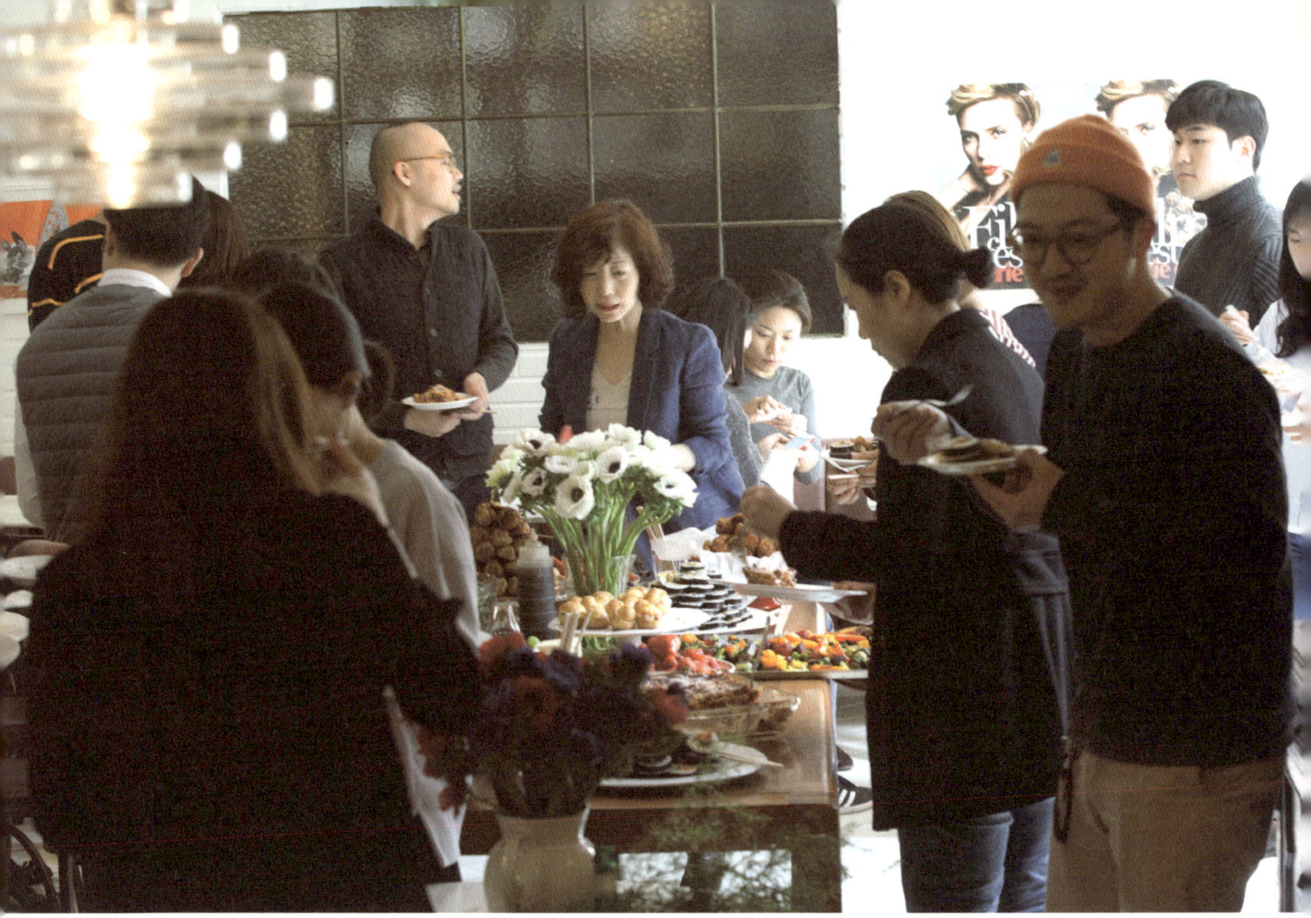

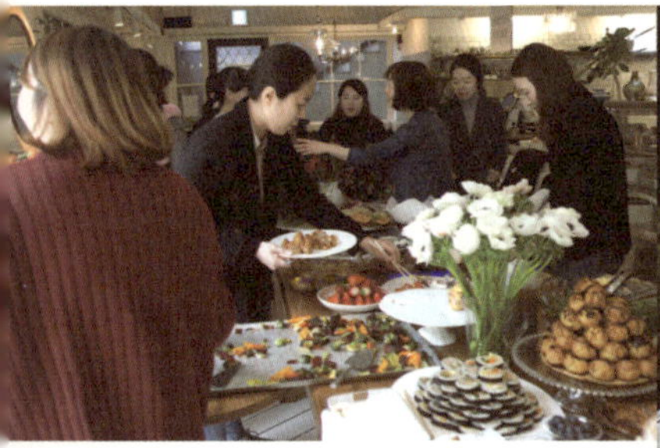

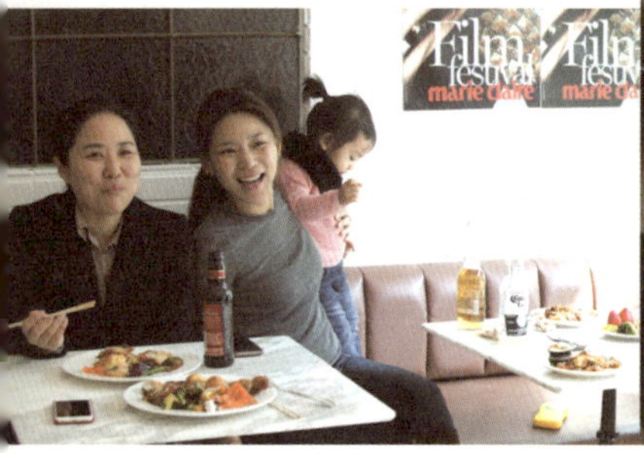
Film festival
marie claire

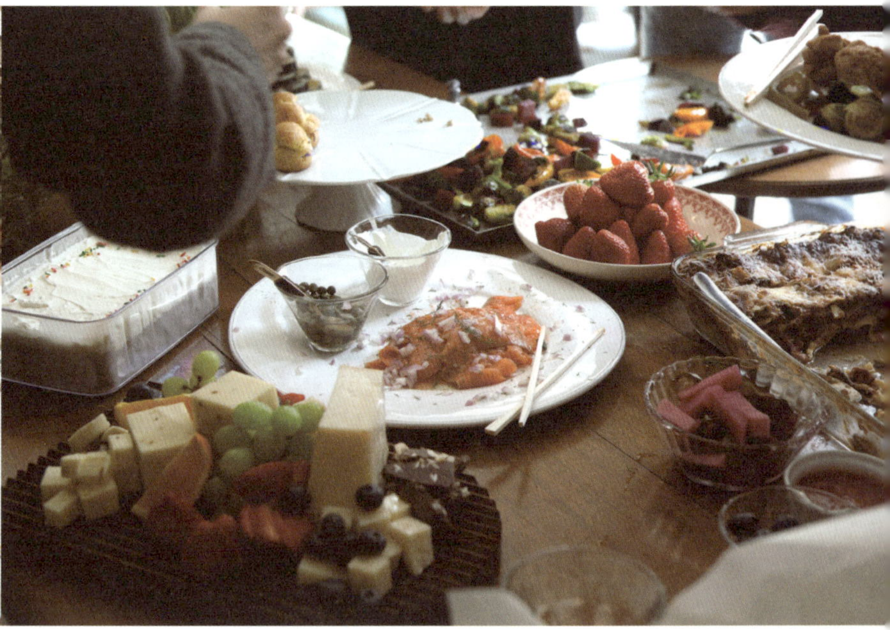

Bloom & Goûté Reunion Party

그동안 함께한 직원들과의 파티

혼자였으면 오래전에 멈췄을 것 같다.

조정희와 이진숙이 함께여서, 좋은 날은 둘이 하하 호호, 어려울 때는 서로 어깨를 다독이며
힘을 낼 수 있었다. 둘만으로도 여기까지는 못 왔을 거다.

최초의 직원 하경, 희연, 현승, 정현부터 10년을 함께 일한 인경, 현정, 희정 그리고
그간 블룸앤구떼를 지켜준 수많은 직원들, 아르바이트생들,
그들이 우리와 함께 해주어서 13년이란 시간을 이어올 수 있었다.

감사의 마음으로 그들과 함께 조촐한 파티를 열었다.

외국에 있거나, 일이 바쁜 친구들은 참석하지 못해 아쉽다는 연락을 해왔다.

연락처가 바뀌었는지 소식이 닿지 않은 친구들에게도 지면으로 안부를 전한다.

우리는 공유하는 기억이 많다. 녹차빙수는 꼭대기에 아몬드를 콕 박아야 완성인 거고,
주중 손님과 주말 손님들의 분위기가 어떻게 달랐으며, 제일 먼저 솔드아웃 되는 케이크가
가장 맛있는 케이크는 아니라는 것, 실내는 후불, 테라스는 선불이었다는 것,
화장실에 문제가 생겼을 때 투덜거리지 않고 잘 해결하는 남자 아르바이트생은 누구였으며,
출입문 열쇠는 어디에 감춰뒀는지….

여기서 만나 결혼한 커플이 둘, 장기 연애 중이며 결혼을 계획하는 커플이 둘,
그사이에 수많은 썸남썸녀가 있어 사랑이 꽃피는 블룸앤구떼라고도 했다.
늘 젊은 친구들 사이에서 우리도 젊은 줄 알고 살았다. 스무 살에 알바 시작한 재혁이는
군대 간다며 인사하더니, 휴가 나오면 놀러 왔고, 복학해서도 알바를 계속했었다.
이런 친구들이 꽤 있었는데 그들도 어느새 삼십 대로 접어들었다.
많은 여직원들은 예쁜 아이들의 엄마가 되었다. 요즘은 SNS로 서로의 근황을 알고 지내지만,
모두 함께 모이니 정말 반갑기만 하다. 자기만의 숍을 오픈한 사장님부터
직장인, 디자이너, 플로리스트, 주부 등 한결 편안해진 얼굴로 만날 수 있어 좋았다.

이들에게 우리는 사장님이 아닌 '빵샘'과 '꽃샘'이다. 빵샘이 준비한 음식은 예나 지금이나
맛있고 우리의 수다는 과거로 갔다가 현재로 돌아왔다가, 정신없지만 즐거웠다.
같은 재료, 같은 방법을 써도 만드는 사람에 따라 카페라테 맛이 다르다.
또한 맛있는 라테를 딱 마시기 좋은 온도로, 웃는 얼굴로 가져다주면 더 맛있게 느껴진다.
무엇이든지, 더 좋게도 나쁘게도 만들 수 있는 것이 사람이다. 지난 세월 그리고
현재까지 좋은 사람들과 일하고 있다는 것은 블룸앤구떼의 자랑이다.
블룸앤구떼를 거쳐 간 직원과 아르바이트생 모두에게 전하고 싶다.
"고 마 워 요, 여러분 덕분에 여기까지 왔어요!"

카페 시장도 하루가 다르게 급변하는 시대다. 인기 카페에 가서
사진 한 장 찍어 올리지 않으면 유행과 저 멀리 떨어져 보이기도 하고,
그렇게 모두가 열광하던 곳도 1~2년 만에 수명을 다하기도 한다.
블룸앤구떼 또한 새로운 시작을 준비하고 있어,
반포 매장은 곧 문을 닫을 계획이다. 10여 년간 만들어 온
우리만의 스타일을 시대와 접목해 새로운 콘텐츠로 선보이고 싶기 때문이다.
카페를 하며 여러분과 만났던 지난 13년은 참으로 소중한 시간이었다.
그 경험과 이야기를 자양분 삼아 시즌 4를 시작하려고 한다.
그동안 블룸앤구떼를 아껴주신 많은 분들께 진심 어린 감사를 보낸다.

블룸 앤 구떼 스타일

펴낸날 초판 1쇄 2017년 7월 1일

지은이 조정희 · 이진숙

펴낸이 임호준
편집장 김소중
책임 편집 김은정 ㅣ **편집 3팀** 김민정 이민주
디자인 왕윤경 김효숙 정윤경 ㅣ **마케팅** 정영주 권소희 김혜민
경영지원 나은혜 박석호 ㅣ **IT 운영팀** 표형원 이용직 김준홍 권지선

사진 문복애
인쇄 (주)웰컴피앤피

펴낸곳 비타북스 ㅣ **발행처** (주)헬스조선 ㅣ **출판등록** 제2-4324호 2006년 1월 12일
주소 서울특별시 중구 세종대로 21길 30 ㅣ **전화** (02) 724-7676 ㅣ **팩스** (02) 722-9339
포스트 post.naver.com/vita_books ㅣ **블로그** blog.naver.com/vita_books ㅣ **페이스북** www.facebook.com/vitabooks

ISBN 979-11-5846-174-4   13590

• 이 도서의 국립중앙도서관 출판예정도서목록(CIP)은 서지정보유통지원시스템 홈페이지(http://seoji.nl.go.kr)와
  국가자료공동목록시스템(http://www.nl.go.kr/kolisnet)에서 이용하실 수 있습니다. (CIP제어번호: CIP2017014143)

• 비타북스는 독자 여러분의 책에 대한 아이디어와 원고 투고를 기다리고 있습니다.
  책 출간을 원하시는 분은 이메일 vbook@chosun.com으로 간단한 개요와 취지, 연락처 등을 보내주세요.

  비타북스는 건강한 몸과 아름다운 삶을 생각하는 (주)헬스조선의 출판 브랜드입니다.